职业教育建筑类专业系列教材

工程测量

主　编　孙晶晶　邹　蕾

参　编　倪　曦　潘　娟

机械工业出版社

本书由校企"双元"合作编写。全书共 10 个项目，包括测量基本知识、水准测量、角度测量、距离测量与直线定向、全站仪与 GNSS 技术、小区域控制测量、地形图测绘与应用、施工放样、建筑施工测量、线路工程测量。每个项目后均附有能力训练，可供读者练习。

本书可作为高职高专建筑工程技术专业、道路桥梁工程技术专业、工程造价专业及相关专业教材，也可作为成人教育土建类专业教材，还可作为建筑工程施工、测量技术人员的参考用书。

为方便教学，本书配有电子课件。凡使用本书作为教材的教师均可登录 www.cmpedu.com 下载资源，或加入机工社职教建筑 QQ 群：221010660 索取。如有疑问，可拨打编辑电话 010-88379375。

图书在版编目（CIP）数据

工程测量/孙晶晶，邹蕾主编. —北京：机械工业出版社，2023.6

职业教育建筑类专业系列教材

ISBN 978-7-111-73075-0

Ⅰ.①工… Ⅱ.①孙… ②邹… Ⅲ.①工程测量-职业教育-教材 Ⅳ.①TB22

中国国家版本馆 CIP 数据核字（2023）第 073308 号

机械工业出版社（北京市百万庄大街 22 号 邮政编码 100037）
策划编辑：陈紫青 责任编辑：陈紫青 于伟蓉
责任校对：郑 婕 陈 越 封面设计：马精明
责任印制：单爱军
北京虎彩文化传播有限公司印刷
2023 年 11 月第 1 版第 1 次印刷
184mm×260mm · 14.75 印张 · 2 插页 · 360 千字
标准书号：ISBN 978-7-111-73075-0
定价：49.00 元

电话服务 网络服务
客服电话：010-88361066 机 工 官 网：www.cmpbook.com
010-88379833 机 工 官 博：weibo.com/cmp1952
010-68326294 金 书 网：www.golden-book.com
封底无防伪标均为盗版 机工教育服务网：www.cmpedu.com

　　"工程测量"是土建类专业的一门专业必修课程，本书突出了教材的实践性和综合性，在保证知识的系统性和完整性的前提下，每个项目均设置了能力训练，强化专业技能培养。

　　本书注重把握工程测量的知识性、系统性，又突出了工程测量的实践性。本书内容深入浅出，注重学以致用。本书按项目任务的模式展开编写，共分为 10 个学习项目，每个学习项目又分为几个任务。

　　本书推荐学时安排见下表：

项目	内容	建议学时
一	测量基本知识	4
二	水准测量	6
三	角度测量	6
四	距离测量与直线定向	6
五	全站仪与 GNSS 技术	6
六	小区域控制测量	8
七	地形图测绘与应用	6
八	施工放样	6
九	建筑施工测量	8
十	线路工程测量	6
	复习	2
总计		64

　　本书具有如下特色：

　　1. 本书采用工作手册式编写思路，书中大部分任务都设置了"实训记录""实训注意事项"与"任务评价"，坚持学做一体化。

　　2. 在讲解工程测量知识的基础上，加强职业素养培养，弘扬正能量，落实立德树人根本任务，体现二十大精神。

　　3. 引入了新技术——RTK 数字测图、GNSS 及无人机航测等。

　　4. 为了帮助读者理解，将重点、难点录成微课。

　　5. 融入全国工程测量相关比赛的真题，为学生参加比赛提供参考。

本书由重庆能源职业学院孙晶晶、邹蕾担任主编，中铁西南研究院倪曦、重庆建筑科技职业学院潘娟参与编写。具体分工如下：孙晶晶编写项目一～四和项目九，邹蕾编写项目五、七、八、十，倪曦编写项目六，潘娟进行统稿校核。

在本书编写过程中，编者参考了国内外同类教材和相关资料，在此对相关作者表示深深的谢意！同时，对为本书付出辛勤劳动的编辑同志们表示衷心的感谢！感谢家人们对我们工作的支持！

由于编者水平有限，书中难免存在缺漏和不当之处，恳请各位读者批评指正，不胜感激。

编　者

二维码视频列表

（续）

序号	项目	任务	二维码	页码
6	项目二	任务四	测量误差概述	39
7		任务一	水平角测量原理	45
8		任务一	竖直角测量原理	45
9	项目三	任务二	水平角测量——测回法	51
10		任务三	方向观测法	55
11	项目四	任务一	直线定线	66
12		任务三	坐标方位角	77

（续）

序号	项目	任务	二维码	页码
13	项目四	任务三	象限角	78
14	项目五	任务一	全站仪概述	83
15		任务三	GNSS 概述	91
16	项目六	任务二	导线测量	101
17		任务三	四等水准测量观测方法	114
18	项目七	任务一	地形图的基本知识	123
19			等高线	127

（续）

序号	项目	任务	二维码	页码
20	项目八	任务一	水平角测设	157
21			地面点高程测设	158
22			高程传递	159
23		任务二	直角坐标法	162

目 录

项目一

测量基本知识

项目导读

    测量是确定地球的形状和大小以及确定地面点之间相对位置的技术。它包括多个分支，在各行各业中都有重要的作用。当前，随着科学技术的发展，测量的作业方式发生了重大的变化。本项目主要介绍测量的基本理论知识。

知识目标

1. 了解测量学和工程测量学的定义、分类及内容。
2. 熟悉工程测量学在工程建设中的作用。
3. 掌握地球的形状和大小。
4. 掌握工程测量中常用的坐标系。
5. 熟悉工程测量的基本工作和原则。
6. 掌握常用的计量单位及其换算。

能力目标

1. 能够叙述工程测量学的任务及其在工程建设中的作用。
2. 能够进行高程和高差的简单计算。
3. 能够进行常用计量单位间的换算。
4. 能够按照测量的进位原则对数据进行进位。

任务一　认识工程测量

任务背景

工程测量作为测量学的一门主要分支，在现代工程建设中占有非常重要的地位，是保证工程项目质量和安全的必要手段。目前，工程测量技术已被广泛应用于桥梁工程建设、水利工程建设、隧道工程建设等各个领域，并发挥着至关重要的作用。

任务描述

认识测量学的基本概念，了解工程测量的任务与内容。

知识链接

一、测量学概述

测量学是研究地球的形状和大小以及确定地面（包括空中、地下和海底）点位的科学，是对地球整体及其表面和外层空间中各种自然和人造物体上与地理空间分布有关的信息进行采集处理、管理、更新和利用的技术。

测量工作主要包括测定和测设两个部分。

测定是指使用测量仪器和工具，通过测量和计算，得到一系列测量数据或成果，将地球表面的地形缩绘成地形图，供经济建设、规划设计、国防建设及科学研究使用。

测设也称施工放样，它是指用一定的测量方法，按照一定的精度，把设计图纸上规划设计好的建（构）筑物的平面位置和高程标定在实地上，作为施工的依据。

二、测量的分类

测量根据研究的具体对象和任务不同，可分为普通测量、大地测量、地形测量、摄影测量、工程测量和海洋测量等。

1. 普通测量

普通测量是在较小区域内的测量工作，主要是指用地面作业方法，将地球表面局部地区的地物和地貌等测绘成地形图。由于测区范围较小，为方便起见，可以不考虑地球曲率的影响，把地球表面当作平面对待。

2. 大地测量

大地测量是指测定地球的形状和大小，在广大地区建立国家大地控制网等的技术和方法，为测量的其他分支提供基础测量数据和资料。大地测量又分为常规大地测量和卫星大地测量。

3. 摄影测量

摄影测量指从空中由飞机和无人机等航空器拍摄地面像片。为使取得的航空像片能用于在专门的仪器上建立立体模型进行量测,摄影时航空器应按设计的航线往返平行飞行,以取得具有一定重叠度的航空像片。

4. 工程测量

工程测量是各种工程建设在规划设计、施工建设和运营管理阶段所进行的各种测量工作。工程测量工作贯穿整个工程建设的始终。工程测量主要以建筑工程、水利工程、公路、铁路、桥梁、隧道、管道、矿山、机器和设备为研究服务对象,是一门应用性的学科,在规划设计、经济建设、能源开发、国防建设和科学研究中广泛应用。

工程测量分为普通工程测量和精密工程测量。普通工程测量的主要任务是为各种工程建设提供测绘保障,满足工程所提出的要求。精密工程测量代表着工程测量的发展方向。

三、工程测量的任务与内容

工程测量服务于工程建设的每一个阶段,并贯穿于工程建设的始终,因此,工程测量是土木建筑大类专业的一门重要的专业课程。测量工作直接为各类工程建设项目的规划、设计、施工和竣工等服务,如线路选择、场地整平、纵横断面测量、圆曲线放样、建筑物的定位与放样、房屋建设、公园建设、桥梁建设、竣工测量、变形监测等。工程测量在工程建设中的作用主要可以分为规划设计、施工建设和运营管理三个阶段。

1. 规划设计阶段

工程应按照自然条件和预期目的进行选址和规划设计,因此在工程建设前,应了解工程项目所在地的地面高低起伏、坡度、道路、水系、房屋、植被等的分布情况。为了获取这些数据,需要对工程所在地进行地形测量,以便合理地进行综合规划设计。因此,在规划设计阶段,工程测量主要是为工程建设提供各种比例尺的地形图,以便规划设计人员进行规划设计。除此之外,还要为工程地质勘探、水文地质勘探以及水文测验等进行测量。对于一些重要的工程区,还需要进行必要的稳定性监测。

2. 施工建设阶段

施工测量即各种工程在施工阶段所进行的测量工作,其主要任务是在施工阶段将设计图上建(构)筑物的平面位置和高程,按设计与施工要求,以一定的精度测设(放样)到施工作业面上,作为施工的依据,并在施工过程中进行一系列的测量控制工作,以指导和保证施工按设计要求进行。它主要包括建立施工控制网,工程建筑物定线放样、中线测设、圆曲线测设、建筑结构或特殊工业结构的安装等。比如对一条道路进行施工时,施工测量的工作包括中线测设、圆曲线测设、缓和曲线测设、纵横断面测量等。

3. 运营管理阶段

工程测量在运营管理阶段的工作主要包括变形监测和竣工测量等。在建筑物运营期间,为了监视其安全和稳定情况,了解其设计是否合理,验证设计理论是否正确,需要定期对其位移、沉降、倾斜以及摇摆等进行观测,称为变形观测。竣工测量是对规划设计并施工完毕后的成果进行的验收测量,其主要作用有两方面:一是为了检查各项工程是否达到预期要求;二是将验收测量所得到的图纸和资料存档,以作为将来利用、改建、维修的基础。竣工测量的工作包括竣工图纸的测绘、各项具体工程的标准验收测量、各种表格和文字说明的书写等。

任务二　确定地面点位

 任务背景

　　测量学的实质就是确定地面点位，即确定地面上点的平面位置和高程。地球表面的物体不管多么复杂，都可以认为是由点、线、面组成的，其中面由线组成，线由点勾绘而成，因此，点是最基本的要素。只需要选择能作为代表的特征点位进行测量，就可以准确地将地表的物体和形态表达出来。

任务描述

　　了解地面点位的表达和确定。

知识链接

地球的形状
和大小

一、地球的形状与大小

　　地面点位的确定，应以相应的基准面和基准线作为依据。测量工作大多是在地球表面上进行的，测量的基准面和基准线与地球的形状与大小有关。

　　地球表面很不平坦也很不规则，有高山、平原、深谷、丘陵和海洋等。珠穆朗玛峰高出平均海水面 8848.86m（2020 年 12 月 8 日公布）。马里亚纳海沟低于平均海水面 8000m，最深处达 11034m。这些高低起伏与巨大的地球半径（平均为 6371km）相比，可以忽略不计。同时由于地球表面海洋占 71%，陆地仅占 29%，因此可以认为地球是被静止的海水面包围的球体。

　　1. 水准面

　　静止的海水面称为水准面，它是与大地水准面平行的不规则椭球。由于海水会受到潮汐、风浪等因素的影响，海水面在不同的时间高度不一样，如涨潮、退潮等。因此，水准面有无数个。水准面的特点是处处与铅垂线相垂直。

　　2. 水平面

　　与水准面相切的平面称为水平面。

　　3. 大地水准面

　　设想一个与平均静止的没有潮汐、风浪影响的海洋表面重合并向陆地延伸，包围整个地球并处处与铅垂线正交所形成的封闭曲面，叫作大地水准面。由于平均海水面只有一个，因此大地水准面是唯一的。

　　因为地球内部质量分布不均匀以及地球表面地形起伏大，所以大地水准面是一个非常复杂的曲面，如图 1-1 所示。但是大地水准面与地球自然表面相比可称为一个光滑的曲面，代表了地球的自然形状和大小，因此大地水准面是测量工作的基准面。铅垂线是测量工作的基准线。由大地水准面所包围形成的球体叫作大地体。

4．参考椭球面

大地水准面有微小起伏，不规则，很难用数学方程表示，将地表地形投影到大地水准面上计算非常困难，将无法完成测量计算和绘图工作等。因此，要选择一个与大地水准面非常接近、能用数学方程表示的椭球面作为投影基准面。由椭圆 NESW 绕其短轴 NS 旋转而成的旋转椭球，称为参考椭球。其中，参考椭球表面称为参考椭球面。参考椭球面为测量计算工作的基准面，如图 1-2 所示。

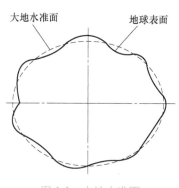

图 1-1　大地水准面

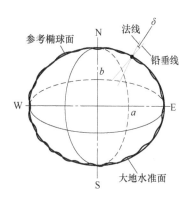

图 1-2　参考椭球面

旋转椭球体的形状和大小由椭球基本元素确定，即长半轴 a、短半轴 b 和扁率 e。我国 1954 年北京坐标系采用的是克拉索夫斯基椭球，扁率 $e=1/298.3$。1980 年国家大地坐标系采用的是 1975 年国际大地测量与地球物理联合会推荐的地球椭球，扁率 $e=1/298.257$。而全球定位系统（GPS）采用的是 WGS-84 椭球，扁率 $e=1/298.224$。由于地球参考椭球的扁率很小，因此，当测区范围不大、精度要求不高时，可近似地把地球椭球作为圆球，其半径 R 按下式计算：

$$R=(2a+b)/3 \tag{1-1}$$

其近似值为 6 371km。

二、坐标系统

测量工作的实质是确定地面点的空间位置，而地面点的空间位置须用三维坐标来表示。在测量工作中，一般将空间点的三维坐标用球面或平面（二维）坐标系统和高程系统（一维）来表示。

1．二维坐标系统

二维坐标系统表示地面点 A 在地球椭球面或投影在水平面上的位置。测量上常采用的平面坐标系统有地理坐标系、高斯平面直角坐标系、独立平面直角坐标系等。

（1）地理坐标系

地理坐标系是用经度、纬度来表示地面点位置的坐标系，它是一种球面坐标系。若用天文经度、天文纬度来表示，则称为天文地理坐标系；若用大地经度、大地纬度来表示，则称为大地地理坐标系。天文地理坐标系是用天文测量的方法直接测定的，大地地理坐标系是根据大地测量所得数据推算得到。地理坐标常用于大地问题解算、地球形状和大小研究、火箭与卫星发射、战略防御和指挥等方面。

高斯平面直角
坐标系

（2）高斯平面直角坐标系

为了方便测绘，以及工程建设规划、设计与施工，需要将球面坐标按一定的数学算法归算到平面上去，即将球面坐标转化为平面直角坐标。当测区范围较大时，不能把水准面当作水平面。此时，把地球椭球面上的图形展绘到平面上，必然产生变形。因此，为了减少变形误差，我国国家基本比例尺地形图中的大、中比例地形图采用高斯投影。

高斯-克吕格投影由德国数学家、物理学家、天文学家高斯于 19 世纪 20 年代拟定，后经德国大地测量学家克吕格于 1912 年对投影公式加以补充，又名等角横切椭圆柱投影，是地球椭球面和平面间正形投影的一种。如图 1-3 所示，假想有一个椭圆柱面横套在地球椭球体外面，并与某一条子午线（此子午线称为中央子午线或轴子午线）相切，椭圆柱的中心轴通过椭球体中心，然后用一定投影方法，将中央子午线两侧各一定经差范围内的地区投影到椭圆柱面上，再将此柱面展开即成为投影面，此投影为高斯投影。高斯投影是正形投影的一种。

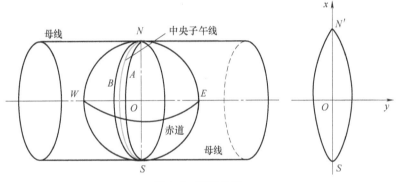

图 1-3　高斯投影

高斯投影虽然能保证角度不变形，但不能使长度不变形，且离中央子午线越远，长度变形越大。为了限制长度变形，通常采用分带投影，使每一个投影带内只包括中央子午线及其两侧的邻近部分。常用用的分带有 6°带和 3°带，如图 1-4 所示。

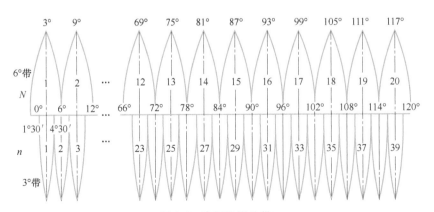

图 1-4　高斯投影分带

1) 6°带。在中、小比例尺测图中，一般采用 6°分带法，从首子午线开始，按经差 6°为一带，自西向东分带，将地球分成 60 个投影带。我国 6°带中央子午线的经度，由 69°起每隔 6°而至 135°，共计 12 带（12~23 带）。带号用 N 表示，编号 1~60。位于各投影带中央的子午线称中央子午线（L_0）。6°带每带中央子午线经度可用下式计算：

$$L_0 = 6°N - 3° \tag{1-2}$$

式中，L_0 为 6°带中央子午线的经度；N 为 6°带的带号。

若已知某地的经度 L，则其所在 6°带的带号按下式计算：

$$N = [(L+3)/6° + 0.5] \tag{1-3}$$

式中，"[ ]"内的值为取整后的整数。

2) 3°带。对于 1:10000 大比例尺测图，因采用 6°分带法不能满足测图的精度要求，故又采用 3°分带法或 1.5°分带法。3°带的划分从经度 1.5°的子午线开始，按经差 3°为一带，把地球分成 120 个带，用 n 表示带号。我国 3°带共计 22 带（24~45 带）。3°带每带中央子午线经度可用下式计算：

$$L_0 = 3°n \tag{1-4}$$

若已知某地的经度 L，则其所在 3°带的带号按下式计算：

$$n = [L/3° + 0.5] \tag{1-5}$$

式中，"[ ]"内的值为取整后的整数。

分带投影后，各带的中央子午线都与赤道垂直，以中央子午线作为纵坐标轴 x，赤道为横坐标轴 y，其交点 O 为坐标原点，象限按顺时针方向编号。这样，在每个投影带内，便构成了一个既与地理坐标有直接关系又各自独立的平面直角坐标系，称为高斯-克吕格平面直角坐标系，简称高斯平面直角坐标系，如图 1-5 所示。

在高斯平面直角坐标系中，纵坐标 x 从赤道向北为正，向南为负；横坐标 y 由中央子午线向东为正，向西为负。由于我国位于北半球，因此 x 坐标均为正值，但每个投影带内的横坐标 y 值有正有负。为使横

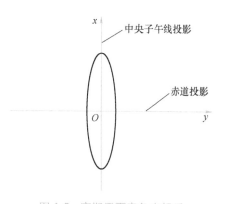

图 1-5 高斯平面直角坐标系

坐标不出现负值，无论 3°带还是 6°带，每带的纵坐标轴都向西移 500km，即每带的横坐标都加上 500km。此外，为了区分不同投影带中的点，在点的 y 坐标值上还应加带号，这样得到的坐标称为通用坐标。如图 1-6 所示，若 B 点位于 20 带内，则 B 点的国家统一坐标表示为 $y_B = 20(-296542.25 + 500000) = 20\ 203457.75$。

（3）独立平面直角坐标系

当测量范围较小时（如半径不大于 10km 的范围），可以将该测区的球面看作平面，直接将地面点沿铅垂线方向投影到水平面上。在实际测量中，一般将坐标原点选在测区的西南角，使测区内的点位坐标均为正值，并以该测区的子午线（或磁子午线）的投影为 x 轴，向北为正；与之相垂直的为 y 轴，向东为正。象限按顺时针方向编号，由此建立了该测区的独立平面直角坐标系，如图 1-7 所示。

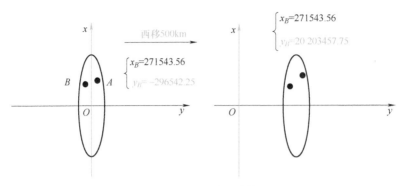

图 1-6　通用坐标计算

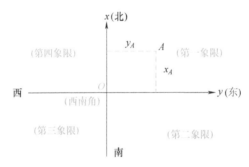

图 1-7　独立平面直角坐标系

独立平面直角坐
标系及高程系统

2. 高程系统

（1）绝对高程

地面点沿垂线方向至大地水准面的距离，称为该点的绝对高程，或称海拔，用 H 表示。如图 1-8 所示，A 点到大地水准面的铅垂距离 H_A 为 A 点的绝对高程。

受到海潮、风浪等影响，海水面时刻在变化，为了建立全国统一的高程起算基准，我国在青岛设立了验潮站，长期观测和记录黄海海水面的高低变化，取其平均值作为绝对高程的基准面。我国采用的"1985 年国家高程基准"，是以 1952—1979 年青岛验潮站观测资料确定的黄海平均海平面（大地水准面），作为绝对高程基准面。我国在青岛市观象山建立了国家水准原点，其高程为 72.260m，是我国高程测量的依据。

（2）相对高程

有些测区引用绝对高程比较困难，为了计算和使用方便，可以采用假定水准面作为高程起算的基准面。任意一点沿铅垂方向到假定水准面的距离称为该点的相对高程，也称为假定高程，用 H' 表示。如图 1-8 所示，A 点到假定水准面的铅垂距离 H'_A 为 A 点的相对高程。

3. 高差

地面上两点间的高程之差称为高差，用 h 表示。如图 1-8 所示，B 点相对于 A 点的高差按下式计算：

$$h_{AB} = H_B - H_A = H'_B - H'_A \qquad (1-6)$$

式中，h_{AB} 为 B 点相对于 A 点的高差。由式（1-6）可以看出，两点间的高差与高程起算面无关。

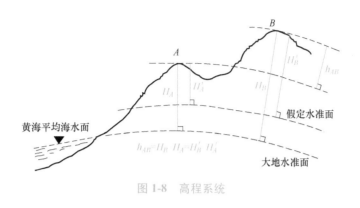

图 1-8　高程系统

任务三　了解测量工作

任务背景

从前述任务中可知，工程建设离不开测量工作，那么为了使工程建设保质保量、顺利完成，在工程建设过程中，应进行哪些基本测量工作，又应该遵循哪些原则？

任务描述

了解测量工作的内容和要求，掌握测量单位与换算。

知识链接

一、测量的三项基本工作

测量工作的主要目的是确定点的坐标和高程。在实际工作中，常常不是直接测量点的坐标和高程，而是观测坐标、高程已知的点与坐标、高程未知的待定点之间的几何位置关系，然后计算出待定点的坐标和高程。

如图 1-9 所示，要测得地面点 1、2 的位置，采用传统的测量仪器及方法不能直接测出它们的坐标和高程，而是需要通过观测水平角度 β_1 和 β_2，丈量水平距离 D_1 和 D_2 以及测量各点之间的高差，再根据已知点 A 的坐标及高程推算各点的位置。

水平角度、水平距离和高差是确定地面点位置的基本要素，称为测量三要素。测量的三项基本工作为角度测量、距离测量和高程（高差）测量。

测量工作分为外业和内业两种。外业工作的内容包括应用测量仪器和工具在测区内所进行的各种测定和测设工作。内业工作是将外业观测的结果加以整理、计算，并绘制成图以便使用。

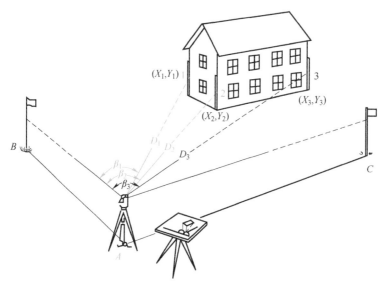

图 1-9　确定地面点的位置

随着科学技术的发展，全站仪和 GNSS 技术得到了广泛应用，测量三要素可以直接通过仪器内部的计算机数据处理系统自动计算出来结果，对于观测者来说，大大减轻了内业计算的工作量。

二、测量的基本要求

测量工作的基本要求如下。

1. 遵守国家法律、法规和技术标准

工程测量工作是各类工程建设的先导工作，测量工作的精度直接关系到工程的质量与安全，如果精度不够将不能满足工程设计的要求，甚至发生质量事故。为了保证测量的正确性，测量工作者必须具备与测量工作有关的法制观念。首先要遵循国家的法律法规等，如《中华人民共和国测绘法》《中华人民共和国建筑法》《中华人民共和国计量法》等，还必须严格遵守有关的测量规范、规程，以及仪器和工具检测的规定。

2. 要有严肃认真的工作态度

测量工作是一项严谨细致的工作，施工测量的精度会直接影响施工的质量；施工测量错误，将会直接给施工甚至人们的生命财产带来不可磨灭的损失与伤害。因此，测量人员在测量工作中应保持严肃认真、小心谨慎的态度。

3. 遵循测量工作的原则

在进行某项测量工作时，往往需要确定许多地面特征点（也称为碎部点）的坐标和高程。假如从一个特征点开始到下一个特征点逐点进行测量，虽可得到各点的位置，但由于测量中不可避免地存在误差，会导致前一点的测量误差传递到下一点，这样累积起来可能会使点位误差达到不可容许的程度，另外逐点传递的测量效率也低。为了防止测量误差的逐渐传递和累积，测量工作应遵循以下原则：

1）在测量布局上，遵循"从整体到局部"的原则。

2）在测量程序上，遵循"先控制后碎部"的原则。

3）在测量精度上，遵循"由高级到低级"的原则。

4）在测量过程中，遵循"步步检核，杜绝错误"的原则。

采用上述原则和方法进行测量，可以有效控制误差的传递和累积，使整个测区的精度较为均匀和统一。

4. 保持测量成果的科学性和原始性

测量成果关乎工程建设的质量安全，因此在测量工作中必须实事求是，尊重客观事实，严格遵守测量规范与规程，杜绝弄虚作假、伪造数据等行为。

5. 要具备团队精神

测量工作是一项实践性很强的集体工作，尤其是大部分外业工作，需要在多人的配合下才能完成。因此，在测量工作中必须发扬团队精神，成员间应相互配合，共同完成测量工作。

三、常用测量单位及换算

1. 角度的单位及换算

1）60进制：

$$1 \text{ 圆周} = 360° \quad 1° = 60' \quad 1' = 60''$$

2）弧度制：

$$1 \text{ 圆周} = 2\pi \quad 1\text{rad} = 180°/\pi = 202625'' = \rho$$

2. 长度的单位及换算

$$1\text{km} = 1000\text{m} \quad 1\text{m} = 10\text{dm} = 100\text{cm} = 1000\text{mm}$$

四、计算中运用的凑整规则

在测量工作中，凑整规则采用"四舍六入，逢五奇进偶舍"原则。

例：如果数为3.556m，最后一位为6则进一位，应凑整为3.56。如果数为3.554m，最后一位为4则舍掉一位，应凑整为3.55。如果数为3.555m，需保留两位小数时，最后一位5的前一位数是5，为奇数，则进一位，应凑整为3.56。如某数为4.545m，需保留两位小数时，最后一位5的前一位数是4，为偶数，则舍掉一位，应凑整为4.54m。

能 力 训 练

1. 单项选择题

（1）将图上已经设计好的建筑物和构筑物的位置在地面上标定出来的工作是（　　　）。

A. 测量　　　　　　　　　　B. 工程测量

C. 测定　　　　　　　　　　D. 测设

（2）将平均静止的海水面延伸穿过大陆形成的闭合曲面称作（　　　）。

A. 水平面　　　　　　　　　B. 水准面

C. 大地水准面　　　　　　　D. 假定水准面

（3）工程建设中，放样工作主要在（　　　）阶段进行。

A. 设计　　　　　　　　　　B. 施工

C. 竣工　　　　　　　　　　D. 运营

(4) 在大地水准面上有点 A，则 A 点高程为（　　）。

A. 1m　　　　　　　　　　B. 10m

C. 100m　　　　　　　　　D. 0m

(5) 从地面点开始，沿铅垂线量至大地水准面的距离称为地面点的（　　）。

A. 高差　　　　　　　　　　B. 绝对高程

C. 相对高程　　　　　　　　D. 高程

(6) 已知某点的 Y 坐标为 20203457.75，则其实际坐标为（　　）。

A. 296542.25　　　　　　　B. -296542.25

C. -203457.75　　　　　　　D. 703457.75

(7) 高斯平面直角坐标系为（　　）。

A. 纵坐标 x，横坐标轴 y，象限按顺时针方向编号

B. 纵坐标 y，赤道为横坐标轴 x，象限按顺时针方向编号

C. 纵坐标 x，横坐标轴 y，象限按逆时针方向编号

D. 纵坐标 y，赤道为横坐标轴 x，象限按逆时针方向编号

(8) 如果数为 3.545m，保留两位小数，则应为（　　）。

A. 3.55　　　　　　　　　　B. 3.54

C. 3.5　　　　　　　　　　D. 3.6

(9) 下列哪项不是测量工作的原则（　　）。

A. 由整体到局部　　　　　　B. 由低级到高级

C. 先控制后碎部　　　　　　D. 步步检核

2. 计算题

(1) 设地面点 B 的经度为东经 $121°48′18″$，则该点位于投影带的第几带？其中央子午线的经度是多少？

(2) A 点在高斯直角坐标系中的自然坐标为 $x = 345243.91\text{m}$，$y = 231108.83\text{m}$，该点处于6°带的第20带，则 A 点的通用坐标值为多少？该6°带的中央子午线经度是多少？

(3) 已测得地面两点 A、B 的相对高程分别为 85.324m、47.223m，作为基准面的假定水准面的绝对高程为 58.721m。问 A、B 两点的绝对高程分别为多少？试绘图说明。

3. 思考题

(1) 什么是水准面、大地水准面、旋转椭球体？

(2) 什么是绝对高程、相对高程？

(3) 测定和测设有何区别？

(4) 简述工程测量在工程建设中的作用。

(5) 地面点的位置用哪几个元素来确定？

(6) 测量坐标系与数学坐标系有何区别？

(7) 进行测量工作应遵守什么原则？

项目二

水准测量

项目导读

　　高程测量是建设工程测量中的基本技能。高程测量是指确定地面点高程的测量工作，是测量工作的三项基本工作之一。测量高程的常用方法有：水准测量、三角高程测量、气压高程测量和GPS高程测量等。其中，水准测量是测定两点间高程的主要方法，也是最精密的方法。要进行水准测量，水准仪和水准尺是关键设备。本项目将详细介绍水准仪器的架设及使用、水准仪的读数、运用水准测量方法来测定高程以及水准测量的计算与检核等。

知识目标

1. 熟悉水准测量的原理。
2. 熟练掌握水准仪的安置及使用方法。
3. 熟悉转点的设置及其作用。
4. 掌握连续水准测量高差的测量实施步骤。
5. 掌握连续水准测量高差的计算方法。
6. 掌握三种水准路线高差闭合差的计算及高程计算。

能力目标

1. 能够正确使用水准仪和正确读取水准尺上的读数。
2. 能够运用水准仪完成单测站两点间的高差测量及高程计算。
3. 能够运用水准仪完成连续水准测量。
4. 能够独立完成连续水准测量的高差及高程计算、检核。

5. 能独立完成闭合水准路线的测量及校核工作。

6. 能独立进行水准路线高差闭合差的调整与高程计算。

任务一　认识与使用水准测量工具

任务背景

珠穆朗玛峰，简称珠峰，是喜马拉雅山脉的主峰，也是世界上海拔最高的山峰，位于中国与尼泊尔边境线上。1975 年 7 月 23 日，中国政府向全世界宣布珠穆朗玛峰海拔高度为8848.13m。2005 年，中国公布了精确测定的珠峰峰顶岩石面海拔高程 8844.43m，此数值具有严密的科学性、严格的法定性，作为中国统一采用的标准数据。2020 年 12 月 8 日，中国和尼泊尔共同宣布珠穆朗玛峰最新高程——8848.86m。在国务院或国务院授权的部门公布新的珠峰海拔高程数据前，任何单位和个人均应使用依法公布的珠峰峰顶岩石面海拔高程数据。在进行珠峰高程测定的过程中，采用水准仪进行水准测量。那么，如何使用和操作水准仪？又如何运用水准仪来测定两点间的高差呢？

任务描述

1）以 DS$_3$ 型水准仪为例，学会使用自动安平水准仪。

2）进行一测站水准测量，计算高差并记录。

知识链接

水准测量原理

一、水准测量原理

水准测量是利用水准仪提供的水平视线，借助带有分划的水准尺，直接测定地面上两点间的高差，然后根据已知点高程和测得的高差，推算出未知点高程（图 2-1）。

1. 高差法

如图 2-1 所示，在地面点 A、B 两点竖立水准尺，设水准测量的前进方向为 A 点到 B 点，则称处于前进方向后方的 A 点为后视点，该水准尺上的读数 a 为后视读数；处于前进方向前方的 B 点为前视点，该水准尺上的读数 b 为前视读数。A、B 两点间的高差为

$$h_{AB}=a-b \tag{2-1}$$

式中，h_{AB} 表示 A、B 两点间的高差。若 $a>b$，则 h_{AB} 为正值，表示 B 点高于 A 点；若 $a<b$，则 h_{AB} 为负值，表示 A 点高于 B 点。

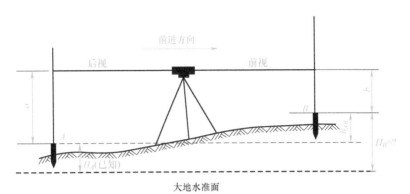

图 2-1 水准测量原理

若已知 A 点的高程为 H_A，则未知点 B 的高程 H_B 为

$$H_B = H_A + h_{AB} = H_A + a - b \qquad (2-2)$$

这种由已知点 A 的高程 H_A 和高差 h_{AB}，计算未知点 B 的高程 H_B 的方法，称为高差法。

【例题 2-1】 如图 2-1 所示，已知 A 点高程 $H_A = 452.623\text{m}$，后视读数 $a = 1.571\text{m}$，前视读数 $b = 0.685\text{m}$，求 B 点高程 H_B。

解：由式（2-1）可知，B 点对于 A 点高差为

$$h_{AB} = a - b = 1.571\text{m} - 0.685\text{m} = 0.886\text{m}$$

由式（2-2）可知，B 点的高程为

$$H_B = H_A + h_{AB} = 452.623\text{m} + 0.886\text{m} = 453.509\text{m}$$

2. 视线高法

视线高法是指先求出水准仪提供的水平视线高程，然后分别计算各点高程的方法（图 2-2）。在实际工作中，常常需要安置一次仪器测量多个点的高程，以便提高测量工作的效率。此时可以采用视线高法来进行测量。

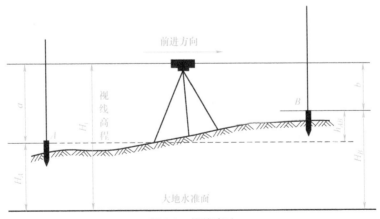

图 2-2 视线高法

从图 2-2 中可以得出水平视线的高度 H_i 为

$$H_i = H_A + a \qquad (2-3)$$

从而 B 点的高程 H_B 为

$$H_B = H_i - b \qquad (2-4)$$

【例题 2-2】 如图 2-3 所示，已知 A 点高程 $H_A = 423.518m$，A 点后视读数 $a = 1.563m$。在各待定点上立尺，分别测得 1、2、3 点的读数 $b_1 = 0.953m$，$b_2 = 1.152$，$b_3 = 1.328m$。试求点 1、2、3 的高程 H_1、H_2 和 H_3。

解：首先，由式（2-3）可求出视线高 H_i 为

$$H_i = H_A + a = 423.518m + 1.563m = 425.081m$$

然后，运用式（2-4）分别求出各待定点高程为

$$H_1 = H_i - b_1 = 425.081m - 0.953m = 424.128m$$

$$H_2 = H_i - b_2 = 425.081m - 1.152m = 423.929m$$

$$H_3 = H_i - b_3 = 425.081m - 1.328m = 423.753m$$

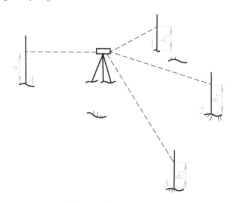

图 2-3　例题 2-2 图

高差法和视线高法的测量原理相同，区别在于计算高程时次序上的不同。在安置一次仪器需求出几个点的高程时，视线高法比高差法方便。

二、水准仪及其工具

（一）水准仪的分类

水准仪是建立水平视线测定地面两点间高差的仪器，是水准测量的主要仪器。

我国的水准仪分为 DS_{05}、DS_1、DS_3 等几个等级。其中，"D"代表"大地测量"；"S"代表"水准仪"；下标的数字 05、1、3 是指各等级水准仪每公里往返测的高差中误差，以 mm 为单位。比如 05 代表每公里往返测的高差中误差为 $\pm0.5mm$；3 代表每公里往返测的高差中误差为 $\pm3mm$。

不同精度等级的水准测量，应该使用不同精度的水准仪。DS_{05} 型和 DS_1 型水准仪属于精密水准仪，主要用于国家一、二等水准测量及其他精密水准测量；常用的普通水准仪为 DS_3 型，主要用于国家三、四等水准测量及一般工程水准测量。

水准仪按构造不同可分为微倾式水准仪、自动安平水准仪和电子水准仪等。目前，建筑工程测量广泛使用 DS_3 型水准仪。

（二）水准仪的基本构造

根据水准测量的原理，水准仪的主要作用是提供一条水平视线，并能照准水准尺进行读数。水准仪主要由望远镜、水准器及基座三部分组成。如图 2-4 所示为 DS_3 微倾式水准仪的基本构造。

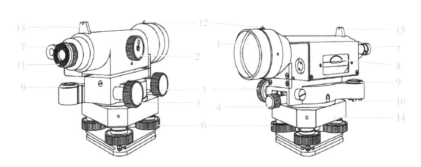

图 2-4 DS₃ 微倾式水准仪的基本构造

1—物镜 2—物镜调焦螺旋 3—微动螺旋 4—制动螺旋 5—微倾螺旋
6—脚螺旋 7—读数窗口 8—管水准器 9—圆水准器 10—圆水准器螺旋
11—目镜调焦螺旋 12—准星 13—瞄准缺口 14—基座

1. 望远镜

望远镜是用来瞄准远处的水准尺进行读数的设备，由物镜、目镜、十字丝分划板、调焦透镜、调焦螺旋组成，放大率一般为 25~30 倍，如图 2-5 所示。

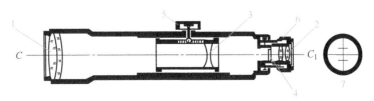

图 2-5 望远镜

1—物镜 2—目镜 3—调焦透镜 4—十字丝分划板
5—物镜调焦螺旋 6—目镜调焦螺旋 7—十字丝放大像

十字丝分划板是一块具有刻线的玻璃片，通过校正螺丝固定在望远镜的镜筒上，十字丝分划板的构造和形式如图 2-5 中 7 所示。十字丝中央交点与物镜光心的连线称为视准轴，即视线。十字丝分划板的上、下短丝称为视距丝。进行水准测量时就是用视线水平时的中间横丝截取水准尺上的读数。

2. 水准器

水准器是在玻璃容器内装入热乙醇和乙醚混合液，密封冷却后留有一部分真空空间（俗称气泡）的容器。水准器是测试视线是否水平、竖轴是否铅垂的装置，它包括圆水准器和管水准器两种。

（1）圆水准器

圆水准器是用于粗略整平仪器的水准器。如图 2-6 所示，圆水准器的玻璃圆盒顶面内壁制成球面，球面中心的外壁刻有一个圆圈，其圆心 O 称为圆水准器的零点，圆水准器零点 O 的球面法线称为圆水准器的轴线。当圆气泡居中时，圆水准器轴处于竖直位置，表示水准仪的竖轴也大致处于竖直位置。

气泡移动 2mm，圆水准器轴相应的角度 τ 称为圆水准器轴分划值，它是衡量圆水准器灵敏度的标准，其精度一般为（8′~10′）/2mm。

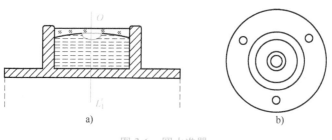

图 2-6　圆水准器

（2）管水准器

管水准器是用于精确整平仪器的水准器，它是把玻璃管的纵向内壁制成圆弧的装置，如图 2-7a 所示。水准管圆弧的中点 O 称为水准管的零点，过零点与内壁圆弧相切的直线称为水准管轴。当水准管气泡中点与水准管零点重合时称为气泡居中，此时水准管处于水平位置。

气泡移动 2mm，水准管轴相应的角度 τ 称为水准管分划值，如图 2-7b 所示。它是衡量水准管灵敏度的标准，其精度一般为 $20''/2mm$。

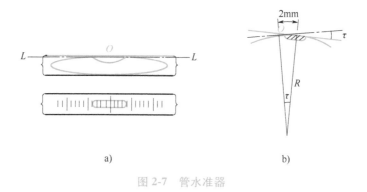

图 2-7　管水准器

3. 基座

基座主要由轴座、脚螺旋和连接板组成，如图 2-4 中 14 所示。仪器上部通过竖轴插入轴座，由基座承托，整个仪器用连接螺旋与三脚架连接。

（三）自动安平水准仪

自动安平水准仪广泛用于测绘和工程建设，其结构特点是没有水准管和微倾螺旋，而只有一个圆水准器来粗略整平。当圆水准器内气泡居中后，尽管仪器视线仍有微小的倾斜，但通过自动补偿装置，视准轴在数秒内将自动呈现为水平状态，从而有效减弱外界影响，有利于提高观测精度。自动安平水准仪的基本构造如图 2-8 所示。

（四）水准尺

水准尺是指水准测量使用的标尺，它是水准测量的重要工具，其质量的好坏直接影响水准测量的精度。水准尺通常采用不易变形且干燥的优良木材或玻璃钢制成，要求尺长稳定、刻划准确。常用的水准尺有塔尺、折尺和双面水准尺三种。

1. 塔尺

塔尺是一种套接的组合尺，其长度为 3~5m，采用铝合金等轻质高强材料制成，由两节

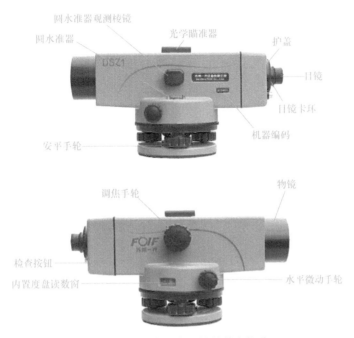

图 2-8　自动安平水准仪的基本构造

或三节套接在一起，因其形状类似塔状，故称为塔尺。尺的底部为零点，尺面上黑白格相间，每格宽度为 1cm，有的为 0.5cm，在米和分米处有数字标注，如图 2-9a 所示。

由于塔尺为金属材质，全部抽出时高度可达 5m，且使用地点多为室外，因此需注意远离电线，防止发生触电事故。在用塔尺测量河道水位时，也要注意防止溺水。

2. 折尺

折尺与塔尺的刻划标注基本相同，只是尺子可以一分为二对折，使用时打开，方便使用和运输。

3. 双面水准尺

双面水准尺多用于三、四等水准测量，尺长一般为 3m，两根尺为一对，如图 2-9b 所示。尺的双面均有刻划，正面为黑白相间，称为黑面尺（也称主尺）；背面为红白相间，称为红面尺（也称辅尺）。两面的刻划均为 1cm，在分米处注有数字。两根尺的黑面尺尺底均从零开始，而红面尺尺底，一根从 4.687m 开始，另一根从 4.787m 开始。在视线高度不变的情况下，同一根水准尺的红面和黑面读数之差应等于常数 4.687m 和 4.787m，这对常数称为尺常数，用 K 来表示。两根水准尺通常组成一对使用，其目的是检核水准测量作业时读数的正确性。为了便于扶尺和竖直，在尺的两侧面装有把手和圆水准器。

（五）尺垫

尺垫由三角形的铸铁块制成，上部中央有凸起的半球，下面有三个尖角以便踩入土中，使其稳定。尺垫通常用于转点上，使用时，将尺垫踏实，水准尺立于凸起的半球顶部。当水准尺转动方向时，尺底的高程不会改变，如图 2-10 所示。

水准仪的附件还有三脚架，它用来安置水准仪。三脚架一般可伸缩，以方便携带及调整仪器高度，使用时用中心连接螺旋与水准仪固紧。

a) 塔尺

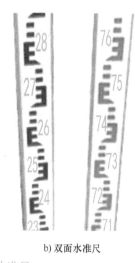
b) 双面水准尺

图 2-9　水准尺

图 2-10　尺垫

任务实施

一、任务组织

1）建议 4~6 人为一组，明确职责和任务，组长负责协调组内测量分工。

2）实训设备：DS$_3$ 自动安平水准仪 1 台、三脚架 1 副、水准尺 1 对、尺垫 2 块、记录板 1 块、实训记录表（按需领取）、铅笔、橡皮等。

二、实施过程

（一）自动安平水准仪的使用

水准仪的操作顺序为：安置仪器—粗略整平—瞄准目标—读数。

1. 安置仪器

在测站上打开脚架，按观测者的身高调节脚架腿的高度，使脚架架头大致水平。如果地面比较松软，则应将脚架的三个脚尖踩实，使脚架稳定。将水准仪从箱中取出，平稳地安放在脚架头上，一手握住仪器，一手立即用连接螺旋将仪器固定在脚架头上。

2. 粗略整平（图 2-11）

通过调节三个脚螺旋使圆水准器气泡居中，从而使仪器的竖轴大致铅垂。在整平过程中，气泡移动的方向与左手大拇指转动脚螺旋时的移动方向一致。如果地面较坚实，可先练习固定脚架两条腿，再移动第三条腿使圆水准器气泡大致居中，然后调节脚螺旋使圆水准器气泡居中。

将气泡调至居中的具体步骤如下。

1）一只手握住望远镜，轻轻转动仪器，使圆水准器置于 1、2 脚螺旋一侧的中间，如图 2-11a 所示。

2）两手分别以相对方向（同时向内或同时向外）转动两个脚螺旋，如图 2-11a 箭头指向所示，按照气泡移动方向与左手大拇指移动方向一致的原则，使气泡位于圆水准器零点和垂直于 1、2 两个脚螺旋连线的方向上。

3）转动第三个脚螺旋，如图 2-11b 所示，按箭头指向进行调节，使气泡居中。操作同样遵循气泡移动方向与左手大拇指移动方向一致的原则。居中效果如图 2-11c 所示。

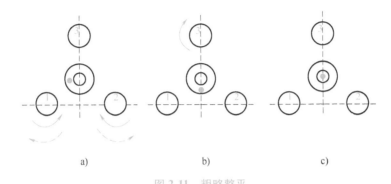

图 2-11 粗略整平

3. 瞄准目标

用望远镜十字丝中心对准目标，如图 2-12 所示。具体操作步骤如下。

1）通过粗瞄准器瞄准标尺，转动目镜调焦螺旋，使十字丝分划板视距丝成像清晰。

2）转动物镜调焦螺旋，使目标标尺成像清晰。

3）旋转水平微动螺旋，使十字丝精确照准水准标尺的中间即可。

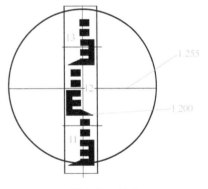

4）通过目镜观察视场中的成像，将眼睛稍微上下左右移动，确认标尺像相对于十字线不动，没发生相对位移，即可开始测量，否则重复予以调整。

4. 读数

当仪器调平并瞄准后，立即用十字丝中丝在水准尺上读数并记录到数据表格中。具体要求如下。

图 2-12 瞄准

1）从望远镜中观察十字丝横丝在水准尺上的分划位置，读取四位数字，即直接读出米、分米、厘米的数值，估读毫米的数值。读数应迅速、果断、准确。如图 2-12 所示，中丝读数可读为 1.255m 或 1255mm。

2）读数完毕，立即重新检查水准气泡是否仍然居中。若居中，则读数有效；若不居中，应重新调整，使气泡居中后，重新测量本测站。

（二）一测站水准测量

1）在地面选定两点分别作为后视点和前视点，放上尺垫并立尺。

2）在距两尺距离大致相等处安置水准仪，粗略整平，瞄准后视尺，读数，记录数据并填入表 2-1 中。

3）旋转望远镜，瞄准前视尺，粗略整平，瞄准前视尺，读数，记录数据并填入表 2-1 中，计算本次高差。

4）变换仪器高（±10cm 左右），再按照 2）、3）步骤进行观测，并计算本次高差。两次所测高差之差不得超过 ±6mm。

上述所有操作，每组每位同学均需完成 1 次，即每组完成整平水准仪 1 次、水准尺读数 4 次。

（三）高差计算

将观测数据填入表 2-1 中，小组成员每人完成一个测站高差的记录与计算，同一个测站由 2 个人各测一遍。计算完成后比较各自所计算的高差是否一致。

三、实训记录（表 2-1）

表 2-1　水准仪的认识与使用记录手簿

组别_____　仪器型号_____　天气_____　日期_____　测区_____

测站	点号	水准尺读数		高差	平均高差	备注
		后视	前视			

四、实训注意事项

1）水准仪安置时应使脚架头大致水平。三脚架要安置稳妥，高度适当，架头接近水平，伸缩腿螺旋要旋紧；脚架跨度不能太大，避免摔坏仪器。

2）用双手取出仪器，握住仪器坚实部分，水准仪安放到脚架上必须立即将中心连接螺旋旋紧。要确认已装牢在三脚架上以后才可放手，严防仪器从脚架上掉下摔坏，仪器箱盒要随即关紧。

3）读数前，必须使符合水准气泡居中，在读数前应注意消除视差。要先认清水准尺的分划和标注，然后练习在望远镜内读数。

4）读数要估读至毫米，读成四位数，不要加小数点。

5）记录员听到观测员读数后必须向观测员回报，经观测员确认后方可记入手簿，以防听错或记错。数据记录应字迹清晰，不得涂改。

6）迁站时，仪器可不用装箱，但应保证仪器和脚架在搬动过程中呈竖直状态。

7）要爱护仪器，注意测量仪器使用规则。

任务评价

本次任务的任务评价见表 2-2。

表 2-2　认识与使用水准测量工具任务评价表

实训项目						
小组编号		学生姓名				
序号	考核项目	分值	实训要求		自我评定	教师评价
1	任务完成情况	40	熟悉水准仪的构造及功能；掌握水准仪的使用方法；能正确进行水准尺的读数；能运用公式计算两点间的高差			
2	实训记录	20	规范、完整记录所读数据，无转抄、涂改等，计算准确			
3	测量精度	15	结果符合限差要求			
4	实训纪律	10	遵守课堂纪律，动作规范，无事故发生			
5	团队协作能力	15	服从安排，吃苦耐劳，配合其他人员工作，文明作业			

小组其他成员评价得分：＿＿＿＿、＿＿＿＿、＿＿＿＿、＿＿＿＿

实训总结与反思：

任务二　连续水准测量

任务背景

在上一任务中，我们学习了自动安平水准仪的使用方法，并采用仪高法进行了单测站间高差的测量及计算练习。但在建设工程测量实践中，一方面地面上安置的水准点之间通常会相距比较远，另一方面两点间的地形并不是理想中的平坦地面，而是起伏较大的地形。此时，仅安置一次仪器进行一个测站的工作不能测出两点之间的高差。

那么，在上述情况下，又该如何运用水准仪来测定两点间的高差？当测量完毕得出高差后，又该如何确保高差的正确性？

如图 2-13 所示，已知 A 点高程 $H_A = 50.000m$，试布设一条路线，运用水准测量测出待定点 B 的高程。每个小组根据小组人数具体确定路线测站数，要求每人至少完成 1 个测站的读数与记录。

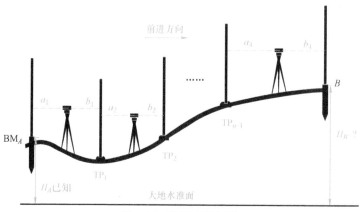

图 2-13 连续水准测量

🔗 **知识链接**

水准测量的实施

一、水准点

水准点是一种高程已知的测量标志，通常用 BM 表示。如图 2-13 所示，已知点 A 可表示为 BM_A，其高程一般用几何水准测量测定，在测量困难地带也可以用电磁波测距高程导线进行测量。在测量学中，为了统一全国高程系，并满足各种工程建设的需要，测绘部门在全国范围内建立了统一的高程控制点。

在水准测量之前应做好点的标志。根据用途不同及需要保存的期限长短不同，水准点一般分为永久性水准点和临时性水准点两大类，如图 2-14、图 2-15 所示。

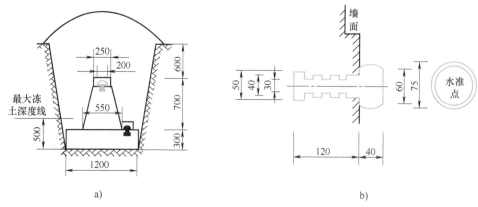

a)   b)

图 2-14 永久性水准点

1. 永久性水准点

永久性水准点一般用混凝土制成标石或用不易风化的岩石凿刻而成，设置在土质坚实、便于保存和使用的地段。其底部深埋在地里冻土线以下，顶部嵌有半球形的金属标志，标志顶点表示该水准点的高程及位置，如图 2-14a 所示。也可将金属标志埋设在坚固稳定的永久性建筑物的墙脚上，称为墙上水准点，如图 2-14b 所示。

2. 临时性水准点

临时性水准点可用地面上凸出的坚硬岩石或用大木桩打入地下，桩顶钉以半球状铁钉，作为水准点的标志，如图 2-15 所示。

二、转点

在测量学中，当相邻两交点互不通视时，如所需的测量工作路程较远，仪器不能一次到位地去读取高差，就需要在这两点之间加设若干个临时立尺点，然后分段连续实施若干测站，依次测定各相邻两立尺点之间的高差，这些临时加设的立尺点，称为转点，用 TP 表示。如图 2-13 所示，TP_1、TP_2、……、TP_{n-1} 即为该路线中的转点。

转点在水准测量中的前一测站作为前视，后一测站作为后视，起到传递高程的作用。为了保证高程传递正确无误，进行水准测量时，转点上要加设尺垫，目的是防止点位移动和水准尺下沉；同时在测量过程中必须保持尺垫位置稳定不动，比如土质松软的地段需要踩实，如图 2-16 所示。

图 2-15 临时性水准点

图 2-16 转点

三、连续水准测量原理

水准测量一般都是从已知高程的水准点开始，引测至未知点的高程。如图 2-13 所示，在实际水准测量中，A、B 两点间高差较大或相距较远，安置一次水准仪不能测定两点之间的高差。此时有必要沿 A、B 的水准路线增设若干个必要的临时立尺点，即转点。根据水准测量的原理，依次连续地在两个立尺间安置水准仪来测定相邻各点间高差，求和得到 A、B 两点间的高差值，这种方法称为连续水准测量。

通过图 2-13，可以求得第 1 站高程为

$$h_1 = a_1 - b_1 \qquad (2\text{-}5)$$

第 2 站高程为

$$h_2 = a_2 - b_2 \qquad (2\text{-}6)$$

依此类推，第 n 站高程为

$$h_n = a_n - b_n \tag{2-7}$$

从而可以得出，A、B 两点间的高差为

$$h_{AB} = h_1 + h_2 + \cdots + h_n = \sum a - \sum b \tag{2-8}$$

【例题 2-3】 如图 2-17 所示，已知 A 点高程 $H_A = 50\text{m}$，试测出 B 点高程 H_B。

解：由于原始地形高低起伏较大，A、B 两点相距又较远，因此可先在 A、B 两点间加设若干个转点。本题中在 A、B 两点间加设了 3 个转点，分别是 TP_1、TP_2 和 TP_3，一共测量了四个测站（每安置一次仪器，称为一个测站）。测量数据如图 2-17 所示。

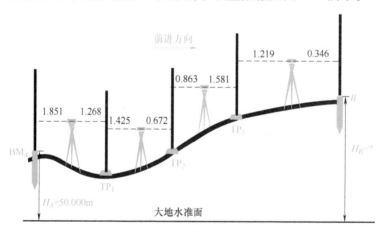

图 2-17　连续水准测量实例

具体操作步骤如下：

1）在距离 A 点 80m 左右设置 TP_1 点（若该处地势较陡，可适当缩短距离），然后在距 A 点、TP_1 点距离大致相等处安置水准仪，分别在 A 点、TP_1 点处立水准尺。

2）将仪器整平后，先瞄准后视尺 A 点，读取黑面中丝读数为 1.851m，并填入水准测量手簿对应位置。调转望远镜，瞄准 TP_1 点，读取前视读数 1.268m，并填入水准测量手簿对应位置。计算该测站高差为

$$h_1 = a_1 - b_1 = 1.851\text{m} - 1.268\text{m} = 0.583\text{m}$$

TP_1 点的高程为

$$H_1 = H_A + h_1 = 50\text{m} + 0.583\text{m} = 50.583\text{m}$$

完成第 1 个测站的工作。

3）保持 TP_1 点尺垫不动，水准尺旋转一定角度，使其黑面朝前进方向。在距离 TP_1 点 80m 左右设置 TP_2 点（若该处地势较陡，可适当缩短距离），然后将仪器搬至距 TP_1 点、TP_2 点距离大致相等处，将原来 A 点的水准尺搬至 TP_2 点立直。此时，TP_1 点为此站的后视，TP_2 点为此站的前视。

4）将仪器整平后，先瞄准后视尺 TP_1 点，读取黑面中丝读数为 1.425m，并填入水准测量手簿对应位置。调转望远镜，瞄准 TP_2 点，读取前视读数 0.672m，并填入水准测量手簿对应位置。计算该测站高差为

$$h_2 = a_2 - b_2 = 1.425\text{m} - 0.672\text{m} = 0.753\text{m}$$

TP_2 点的高程为

$$H_2 = H_1 + h_2 = 50.583\text{m} + 0.753\text{m} = 51.336\text{m}$$

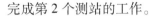

完成第 2 个测站的工作。

5）保持 TP_2 点尺垫不动，水准尺旋转一定角度，使其黑面朝前进方向。在距离 TP_2 点 80m 左右设置 TP_3 点（若该处地势较陡，可适当缩短距离），然后将仪器搬至距 TP_2 点、TP_3 点距离大致相等处，将原来 TP_1 点的水准尺搬至 TP_3 点立直。此时，TP_2 点为此站的后视，TP_3 点为此站的前视。

6）将仪器整平后，先瞄准后视尺 TP_2 点，读取黑面中丝读数为 0.863m，并填入水准测量手簿对应位置。调转望远镜，瞄准 TP_3 点，读取前视读数 1.581m，并填入水准测量手簿对应位置。计算该测站高差为

$$h_3 = a_3 - b_3 = 0.863m - 1.581m = -0.718m$$

TP_3 点的高程为

$$H_3 = H_2 + h_3 = 51.336m - 0.718m = 50.618m$$

完成第 3 个测站的工作。

7）保持 TP_3 点尺垫不动，水准尺旋转一定角度，使其黑面朝前进方向。然后将仪器搬至距 TP_3 点、B 点距离大致相等处，将原来 TP_2 点的水准尺搬至 B 点立直。此时，TP_3 点为此站的后视，B 点为此站的前视。

8）将仪器整平后，先瞄准后视尺 TP_3 点，读取黑面中丝读数为 1.219m，并填入水准测量手簿对应位置。调转望远镜，瞄准 B 点，读取前视读数 0.346m，并填入水准测量手簿对应位置。计算该测站高差为

$$h_4 = a_4 - b_4 = 1.219m - 0.346m = 0.873m$$

B 点的高程为

$$H_B = H_3 + h_4 = 50.618m + 0.873m = 51.491m$$

完成第 4 个测站的工作。

测量结束，将以上操作所得数据填入表 2-3 中，并计算。

表 2-3 水准测量记录手簿（例题 2-3）

仪器名称：　　　　　　日期：　　　　　　观测：
工程名称：　　　　　　天气：　　　　　　记录：

测点	后视读数/m	前视读数/m	高差/m		高程/m	备注
			+	−		
BM_A	1.851				50.000	
			0.583			
TP_1	1.425	1.268			50.583	
			0.753			
TP_2	0.863	0.672			51.336	
				0.718		
TP_3	1.219	1.581			50.618	
			0.873			
B		0.346			51.491	
计算校核	$\sum a = 5.358$	$\sum b = 3.867$	$\sum h = 1.491$		$H_B - H_A = 1.491$	计算无误
	$\sum a - \sum b = 1.491$					

完成上述计算后，应对 $\sum a - \sum b$、$\sum h$、$H_B - H_A$ 的数值进行校核。若三者结果均一致，则说明高差、高程的计算过程没有错误；若不相等，则说明计算有错误，需要重新计算，直至一致。

四、测站校核

在上述水准测量记录手簿中，我们进行了计算校核，但这种校核只能反映计算过程中是否有错，而不能说明测量成果的正确程度。在从 A 点测至 B 点的过程中，任何一个测站的数据出现错误，都将导致最终所求得的 B 点高程不准确。那么，如何确定测量数据的正确性？

在水准测量中，为了及时检验测量的精度，并发现观测中的错误，将测量误差控制在一定的精度范围内，必须采用一定的观测方法检核所测高差是否准确，这种检核称为测站检核。测站检核通常采用双仪高法和双面尺法。

1. 双仪高法

双仪器高法是在同一测站上用两次不同的仪器高度，两次测定高差。即测得第一次高差后，改变仪器高度约 10cm 以上，再次测定高差。若两次测得的高差之差未超过容许值（如等外水准测量容许值为±6mm），则认为符合要求，取其平均值作为该测站的观测高差，否则必须重测。

2. 双面尺法

双面尺法是在一测站上，保持仪器高度不变，分别用双面水准尺的黑面和红面两次测定高差。理论上这两个高差应相差 100mm，若两次测得高差之差未超过容许值（如四等水准测量容许值为±5mm），则取其平均值作为该测站的高差，否则必须重测。

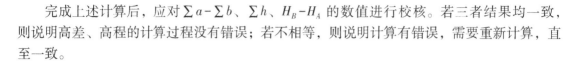

任务实施

一、任务组织

1）建议 4~6 人为一组，明确职责和任务，组长负责协调组内测量分工。

2）实训设备：DS$_3$ 自动安平水准仪 1 台、三脚架 1 副、水准尺 1 对、尺垫 2 块、记录板 1 块、实训记录表（按需领取）、铅笔、橡皮等。

二、实施过程

（一）踏勘选点

在教师的指导下，各组找到各自的已知点 A 和未知点 B，然后根据实际地形，确定中间转点的大概位置，大致确定连续水准测量的路线。

（二）连续水准测量练习

具体操作步骤见例题 2-3。

（三）测量计算与检核

测量结束将以上操作所得数据填入表 2-4 中，小组成员每人完成一个测站高差的记录与计算。

三、实训记录（表2-4）

表 2-4 连续水准测量记录手簿

仪器名称: 　　　　　日期: 　　　　　观测:
工程名称: 　　　　　天气: 　　　　　记录:

测点	后视读数/m	前视读数/m	高差/m		高程/m	备注
			+	-		
计算校核	$\sum a =$	$\sum b =$	$\sum h =$		$H_B - H_A =$	
	$\sum a - \sum b =$					

四、实训注意事项

1）仪器应架设在前、后视距离大致相等位置（扶尺员可用步测）；最大视线长度不得大于100m。

2）在已知点和未知点上立尺时不得安放尺垫；转点处必须安放尺垫，尺垫应踩实。

3）数据记录填写要规范，不得任意涂改、伪造数据。

4）其余注意事项与自动安平水准仪使用注意事项一致。

📋 任务评价

本次任务的任务评价见表2-5。

表 2-5　连续水准测量任务评价表

实训项目						
小组编号		学生姓名				
序号	考核项目	分值	实训要求		自我评定	教师评价
1	任务完成情况	50	能熟练操作水准仪；能迅速、准确读数；能合理布设转点，转站方式正确；在小组成员配合下能完成连续水准测量的外业操作			
2	实训记录	30	规范、完整记录所读数据，无转抄、涂改等，计算准确			
3	实训纪律	10	遵守课堂纪律，动作规范，无事故发生			
4	团队协作能力	10	服从安排，吃苦耐劳，配合其他人员工作，文明作业			

小组其他成员评价得分：＿＿＿＿、＿＿＿＿、＿＿＿＿、＿＿＿＿、＿＿＿＿

实训总结与反思：

任务三　水准路线的布设及内业计算

任务背景

在上一任务中，我们学习了两点间高差的测量方法，并进行了连续水准测量及计算练习。但在建设工程测量实践中，一个工程项目的实地面积都比较大，在测区内通常需要布设多个水准点。同时，由于测区项目性质的不同，其大小和分布均不一样。比如道路项目往往是线性状态分布，建筑工程项目大多数呈块状分布等。因此，在实际工作中，测区水准点的分布往往与项目本身的特点相符合。

那么，针对不同的工程项目，该如何布设水准点？又该如何进行施测才能保证测量精度符合限差要求？

任务描述

如图 2-18 所示，已知 A 点高程 $H_A = 50.000\text{m}$，布设一条闭合水准路线 $A—B—C—D—A$，

试运用水准测量测出待定点 B、C、D 三点的高程。每个小组根据人数具体确定路线测站数，要求每个测段至少 2 个测站，每人完成 1~2 个测站的读数与记录。

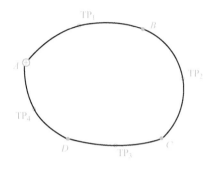

图 2-18　闭合水准路线测量

　知识链接

一、水准路线布设形式

水准路线是在一系列水准点间进行水准测量所经过的路线。在进行水准测量之前，应选择合理的水准路线，此项工作做得好坏直接影响到水准测量的速度和成果的精度。在建设工程测量中，根据测区的自然地理状况、测区已有水准点的实际情况和工程实践的需要不同，水准路线一般可布设成闭合水准路线、附合水准路线和支水准路线三种，如图 2-19 所示。

1. 闭合水准路线

从已知高程的水准点 BM_0 出发，沿各待定高程的水准点 1、2、3 进行水准测量，最后又回到原出发点 BM_0 的环形路线，称为闭合水准路线，如图 2-19a 所示。闭合水准路线适用于只有一个已知点，或没有已知点而采用独立假定高程系统的情况，一般应用于首级高程控制测量。

2. 附合水准路线

从已知高程的水准点 BM_A 出发，沿待定高程的水准点 1、2 进行水准测量，最后附合到另一已知高程的水准点 BM_B 所构成的水准路线，称为附合水准路线，如图 2-19b 所示。附合水准路线适用于有两个或两个以上已知点的情况，一般应用于高程控制点的加密。带状测区（如道路、铁路、管线等）常布设成此种路线形式。

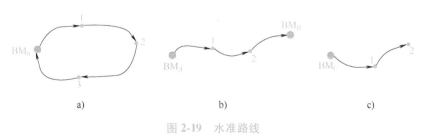

图 2-19　水准路线

3. 支水准路线

从已知高程的水准点 BM_c 出发，沿待定高程的水准点 1、2 进行水准测量，这种既不闭合又不附合的水准路线称为支水准路线，如图 2-19c 所示。支水准路线要进行往返测量，以便于检核。支水准路线应用于因地形条件的限制，以上两种路线都不太适合的情况。但由于检核条件差，因此只能用于图根控制，且支出路线不宜太长，点数不宜超过两个。

二、水准测量内业计算

（一）闭合水准路线

【例题 2-4】 如图 2-20 所示为闭合水准测量。其中，已知水准点 BM 的高程为 35.358m，每个测段的观测数据均标注在图 2-20 中，求各待定点 A、B、C 的高程。

解：设路线的前进方向为 BM—A—B—C—BM，现以该闭合水准路线为例讲述水准测量成果计算的方法。

1. 测量数据填写

按路线前进方向的顺序依次将点号、每段的测站数、测量高差填入表 2-6 对应列中，并计算测站数总和和实测高差总和。

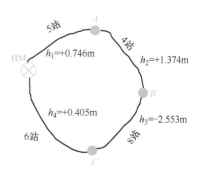

图 2-20 闭合水准测量

2. 高差闭合差的计算

在水准测量中，观测高差代数和与理论高差代数和的差值称为高差闭合差，用 f_h 表示，即

$$f_h = \sum h_测 - \sum h_理 \tag{2-9}$$

式中，f_h 为高差闭合差（m 或 mm）；$\sum h_测$ 为各测站测得的高差的总和（m 或 mm）；$\sum h_理$ 为理论高差总和（m 或 mm）。

高差闭合差的大小是评定水准测量成果精度的标准。高差闭合差是否满足要求，必须有一个限度规定，即 $f_h \leqslant f_{h允}$；如果超过了这个限度，则应查明原因，返工重测。在普通水准测量中，高差闭合差的允许值为

平坦地区：

$$f_{h允} = \pm 40\sqrt{L} \tag{2-10}$$

山区：

$$f_{h允} = \pm 12\sqrt{n} \tag{2-11}$$

式中，$f_{h允}$ 为高差闭合差允许值（mm）；L 为水准路线总长度（km）；n 为水准路线总测站数。

本例中，测站总数为 23，在普通水准测量中，高差闭合差允许值为

$$f_{h允} = \pm 12\sqrt{23}\,mm = \pm 57.6mm$$

3. 水准路线高差闭合差的计算

由于水准路线的布设形式不同，因此，在水准测量中，应按水准路线的不同形式计算高差闭合差。

闭合水准路线的起点和终点为同一个点，其理论高差总和应为零，即 $\sum h_理 = 0$；但在实际观测中存在误差，即 $\sum h_测 \neq 0$，则高差闭合差 f_h 为

$$f_h = \sum h_{测} - \sum h_{理} = \sum h_{测} \tag{2-12}$$

本例中，水准路线为闭合水准路线，则

$$f_h = \sum h_{测} = -0.028\text{m} = -28\text{mm}$$

因普通水准测量的闭合差允许值 $f_{h允} = \pm 57.6\text{mm}$，故 $|f_h| \leqslant |f_{h允}|$，精度符合要求。将上述数据填入表 2-6 中。

4. 水准路线高差闭合差的调整

当水准路线的高差闭合差在容许范围内，即 $|f_h| \leqslant |f_{h允}|$ 时，说明精度合格，可以进行高差闭合差的调整，否则，应检查测量数据及计算；若数据无误，应重测。

高差闭合差的调整原则是将闭合差反号，按测站数或距离平均分配于各测站。

1）按测站数分配：

$$v_i = -\left(\frac{f_h}{\sum n}\right) \times n_i \tag{2-13}$$

式中，v_i 为第 i 测段高差改正数；$\sum n$ 为测站数总和；n_i 为第 i 个测段的测站数。

2）按距离分配：

$$v_i = -\left(\frac{f_h}{\sum L}\right) \times L_i \tag{2-14}$$

式中，v_i 为第 i 测段高差改正数；$\sum L$ 为水准路线距离总和；L_i 为第 i 个测段的距离。

水准路线高差闭合差调整完毕后，需要校核改正数总和与高差闭合差是否在数值上大小一样、符号相反，即

$$\sum v = -\sum f_h \tag{2-15}$$

若检核符合式（2-15），则高差闭合差的调整符合要求，否则应重新调整。

本例中，闭合水准路线已知的是测站数，故按测站数进行改正数的分配。按上述调整原则，各段高差改正数分别为

$$v_1 = -\left(\frac{f_h}{\sum n}\right) \times n_1 = -\left(\frac{-0.028\text{m}}{23}\right) \times 5 = 0.006\text{m}$$

$$v_2 = -\left(\frac{f_h}{\sum n}\right) \times n_2 = -\left(\frac{-0.028\text{m}}{23}\right) \times 4 = 0.005\text{m}$$

$$v_3 = -\left(\frac{f_h}{\sum n}\right) \times n_3 = -\left(\frac{-0.028\text{m}}{23}\right) \times 8 = 0.010\text{m}$$

$$v_4 = -\left(\frac{f_h}{\sum n}\right) \times n_4 = -\left(\frac{-0.028\text{m}}{23}\right) \times 6 = 0.007\text{m}$$

检核：

$$\sum v = 0.028\text{m} = -\sum f_h$$

故改正数分配正确，将各段的改正数填入表 2-6 中。

5. 计算改正后高差

将水准路线各段实测高差加上相应的改正数，得到改正后的高差，即

$$h_{i改} = h_{i测} + v_i \tag{2-16}$$

式中，$h_{i改}$ 为第 i 测段改正后的高差；$h_{i测}$ 为第 i 测段测量高差。

计算完毕，仍然需要校核数据，即满足：

1）对闭合水准路线而言，$\sum h_{i改}=0$。

2）对附合水准路线而言，$\sum h_{i改}=H_{终}-H_{理}$。

本例中，闭合水准路线改正后高差计算如下：

$$h_{1改}=h_{1测}+v_1=0.746\text{m}+0.006\text{m}=0.752\text{m}$$

$$h_{2改}=h_{2测}+v_2=1.374\text{m}+0.005\text{m}=1.379\text{m}$$

$$h_{3改}=h_{3测}+v_3=-2.553\text{m}+0.010\text{m}=-2.543\text{m}$$

$$h_{4改}=h_{4测}+v_4=0.405\text{m}+0.007\text{m}=0.412\text{m}$$

检核：

$$\sum h_{i改}=\left[0.752+1.379+(-2.543)+0.412\right]\text{m}=0$$

说明改后高差计算无误，将各段的改正数填入表 2-6 中。

6. 计算待定点的高程

根据已知水准点的高程和各测段改正后的高差，按顺序逐点计算各待定点的高程，即

$$H_{i+1}=H_i+h_{i改} \tag{2-17}$$

式中，H_{i+1} 为第 $i+1$ 点的高程；H_i 为第 i 点的高程。

计算完毕，仍然需要校核数据，即满足：$H_{终(计)}=H_{终(理)}$。

本例中，闭合水准路线改正后高差计算如下：

$$H_A=H_{已知}+h_{1改}=35.358\text{m}+0.752\text{m}=36.110\text{m}$$

$$H_B=H_A+h_{2改}=36.110\text{m}+1.379\text{m}=37.489\text{m}$$

$$H_C=H_B+h_{3改}=37.489\text{m}+(-2.543)\text{m}=34.946\text{m}$$

检核：

$$H_{已知(计)}=H_C+h_{4改}=34.946\text{m}+0.412\text{m}=35.358\text{m}=H_{已知}$$

说明高程计算无误，将各段的改正数填入表 2-6 中。

表 2-6　闭合水准测量成果计算表（例题 2-4）

段号	点名	测站数	实测高差/m	改正数/m	改正后高差/m	高程/m	备注
1	BM	5	+0.746	0.006	0.752	35.358	
	A					36.110	
2		4	+1.374	0.005	1.379		
	B					37.489	
3		8	-2.553	0.010	-2.543		
	C					34.946	
4		6	+0.405	0.007	0.412		
	BM					35.358	
Σ		23	-0.028	0.028	0		
辅助计算	$f_h=\sum h_{测}=-0.028\text{m}=-28\text{mm}$ $f_{h允}=\pm12\sqrt{23}\text{mm}=\pm57.6\text{mm}$ 因 $\lvert f_h\rvert\leqslant\lvert f_{h允}\rvert$，故精度符合要求						

（二）附合水准路线

附合水准路线成果计算的步骤、方法与闭合水准路线基本一样，只是在闭合差计算公式上有所区别。这里着重介绍闭合差的计算方法，其他计算过程不再详述。

【例题 2-5】 图 2-21 是一附合水准路线等外水准测量示意图，BM_A、BM_B 为已知高程的水准点，$H_A = 6.543m$，$H_B = 9.578m$，求待定点 1、2、3 的高程。

图 2-21　附合水准路线

附合水准路线的起点和终点为两个不同的点，其理论高差总和应为终点高程与起点高程之差，即 $\sum h_理 = H_终 - H_起$；但在实际观测中存在误差，即 $\sum h_测 \neq H_终 - H_起$，则高差闭合差 f_h 为

$$f_h = \sum h_测 - \sum h_理 = \sum h_测 - (H_终 - H_起) \tag{2-18}$$

式中，$H_起$ 为起始水准点的高程；$H_终$ 为终止水准点的高程。

将图 2-21 中的观测高差总和以及 A、B 两点的已知高程代入式（2-18），得闭合差为 $f_h = [3.060 - (9.578 - 6.543)]m = +0.025m$。

计算结果见表 2-7。

表 2-7　附合水准测量成果计算表

段号	点名	路线长度/km	实测高差/m	改正数/mm	改正后高差/m	高程/m	备注
1	BM_A					6.543	
		0.60	+1.331	-0.002	+1.329		
	1					7.872	
2		2.00	+1.813	-0.008	+1.805		
	2					9.695	
3		1.60	-1.424	-0.007	-1.431		
	3					8.264	
4		2.05	+1.340	-0.008	+1.332		
	BM_B					9.578	
$\sum$		6.25	+3.060	-0.025	+3.035		
辅助计算	$f_h = \sum h_测 - \sum h_理 = \sum h_测 - (H_终 - H_起) = [3.060 - (9.578 - 6.543)]m = +0.025m$ $f_{h允} = \pm 40\sqrt{6.25}mm = \pm 100mm$ 因 $\lvert f_h \rvert \leqslant \lvert f_{h允} \rvert$，故精度符合要求						

（三）支水准路线

【例题 2-6】 设某水准路线的已知点 A 的高程 $H_A = 152.371m$，从 A 点到 P 点的往测高差和返测高差分别为 $h_往 = -2.216m$、$h_返 = +2.238m$，往返测总测站数 $n = 9$。试求待定点 P 的高程。

解：1. 计算闭合差

支水准路线是既不闭合又不附合的水准路线，为了便于校核，支水准路线应进行往返测量。理论上来说，其往测高差总和 $\sum h_{往}$ 与返测高差总和 $\sum h_{返}$ 应为绝对值相等、符号相反的数值，即 $\sum h_{往} = -\sum h_{返}$；但在实际观测中，其数值并不相等，即 $\sum h_{往} \neq -\sum h_{返}$，则高差闭合差 f_h 为

$$f_h = \sum h_{往} + \sum h_{返} \qquad (2\text{-}19)$$

式中，$\sum h_{往}$ 为往测高差总和；$\sum h_{返}$ 为返测高差总和。

2. 容许差

支水准路线高差闭合差的容许值与闭合水准路线及附合水准路线一样，此处不再赘述。本例中：

$$f_{h允} = \pm 12\sqrt{9}\,\text{mm} = \pm 36\text{mm}$$

因 $|f_h| \leqslant |f_{h允}|$，故精度符合要求。

3. 求改正后高差

支水准路线往返测高差的平均值即为改正后高差，符号以往测为准，因此计算公式为

$$h = \frac{h_{往} - h_{返}}{2} \qquad (2\text{-}20)$$

本例中：

$$h = \frac{h_{往} - h_{返}}{2} = \frac{-2.286 - 2.238}{2}\,\text{m} = -2.227\text{m}$$

4. 计算高程

待定点 P 的高程为

$$H_P = H_A + h = (152.371 - 2.227)\,\text{m} = 150.144\text{m}$$

📋 任务实施

一、任务组织

1) 建议 4~6 人为一组，明确职责和任务，组长负责协调组内测量分工。

2) 实训设备：DS$_3$ 自动安平水准仪 1 台、三脚架 1 副、水准尺 1 对、尺垫 2 块、记录板 1 块、实训记录表（按需领取）、铅笔、橡皮等。

二、实施过程

（一）踏勘选点

在教师的指导下，各组找到各自的已知点 A，各小组自己确定未知点 B、C、D。点与点之间距离不能过短，要求每个测段测量两个测站。然后各小组根据实际地形，确定中间转点的大概位置，大致确定闭合水准测量的路线。

（二）闭合水准外业操作

1) 将选定的水准点 A 和 TP$_1$ 两点分别作为后视点和前视点，在 TP$_1$ 点放上尺垫并立尺。注意已知点 A 不放尺垫。

2) 在距两尺距离大致相等处安置水准仪，粗平。将望远镜瞄准已知点后视 A，读取黑面中丝读数，并记录到表 2-8 中。调转望远镜瞄准 TP$_1$ 点，读取黑面中丝，并记录到表 2-8

中。完成此站的测量。

3）将仪器搬至距 TP_1 点与 B 点大致相等处安置，粗平。TP_1 点尺垫不动，旋转水准尺，使其黑面对准水准仪方向。将 A 点的水准尺搬至 B 点，注意未知点 B 处不放尺垫。

4）将望远镜瞄准已知点后视 TP_1，读取黑面中丝读数，并记录到表 2-8 中。调转望远镜瞄准 B 点，读取黑面中丝，并记录到表 2-8 中。完成此站的测量。

5）后续几个测段的操作与 A—B 测段的操作基本一致，此处不再赘述。

（三）闭合水准内业计算

将外业所测数据填入表 2-8 中，并对其进行数据处理。根据连续水准测量技术要求检查限差值是否超限；如果超限，检查问题所在，如计算过程无误，则该小组需立即进行重测。

（四）测量计算与检核表格

测量结束将所得数据填入表 2-9 中，进行内业计算与检核。

三、实训记录（表 2-8 和表 2-9）

表 2-8　闭合水准测量记录手簿

仪器名称：　　　　　日期：　　　　　观测：
工程名称：　　　　　天气：　　　　　记录：

测点	后视读数/m	前视读数/m	高差/m		高程/m	备注
			+	−		
计算校核						

表 2-9　闭合水准测量成果计算表

段号	点名	测站数	实测高差/m	改正数/mm	改正后高差/m	高程/m	备注
1						50.000	
2							
3							
4							
Σ							
辅助计算							

四、实训注意事项

1）每个测段需为偶数站。

2）在已知点和未知点上立尺时不得安放尺垫；转点处必须安放尺垫，尺垫应踩实。

3）其余注意事项与连续水准测量实训中的注意事项一致。

任务评价

本次任务的任务评价见表 2-10。

表 2-10　水准路线的布设及内业计算任务评价表

实训项目						
小组编号		学生姓名				
序号	考核项目	分值	实训要求		自我评定	教师评价
1	任务完成情况	35	能熟练操作水准仪；能迅速、准确读数；能合理布设转点，转站方式正确；在小组成员配合下完成闭合水准测量的外业操作			
2	实训记录	10	规范、完整记录所读数据，无转抄、涂改等			
3	数据计算	15	数据处理正确，每计算错误 1 处扣 1 分，扣完为止			
4	成果精度	15	数据成果符合限差要求；若超限，扣15分			

（续）

序号	考核项目	分值	实训要求	自我评定	教师评价
5	实训纪律	10	遵守课堂纪律，动作规范，无事故发生		
6	团队协作能力	15	服从安排，吃苦耐劳，配合其他人员工作，文明作业		

小组其他成员评价得分：_____、_____、_____、_____、_____

实训总结与反思：

任务四　了解水准测量误差及注意事项

 任务背景

在水准测量时，我们通常会发现实测的高差与理论高差不一致，这说明在测量过程中存在误差。测量误差是不可避免的，我们无法完全消除其影响，但是可以根据产生误差的原因，采取一定的措施减弱其影响，以提高测量成果的精度。那么水准测量的误差有哪些？在测量中应注意些什么？

任务描述

了解水准测量误差来源以及注意事项。

知识链接

一、水准测量误差的来源

（一）仪器误差

水准测量中，仪器误差主要有以下三类。

1. 视准轴误差

视准轴的 i 角虽经校正，但仍然存在少量残余误差，使读数产生误差。在观测时使前、后视距尽量相等，可消除或减弱此项误差的影响。

测量误差概述

2. 十字丝横丝误差

十字丝横丝与竖轴不垂直，横丝的不同位置在水准尺上的读数不同，从而产生误差。观测时应尽量用横丝的中间位置读数。

3. 水准尺误差

水准尺刻划不准、尺子弯曲、底部零点磨损等误差的存在，都会影响读数精度，因此水准测量前必须用标准尺进行检验。若水准尺刻划不准、尺子弯曲，则该尺不能使用；若是尺底零点不准，则应在起点和终点使用同一根水准尺，使其误差在计算中抵消。

（二）观测误差

水准测量中，观测误差主要有以下两类。

1. 估读水准尺误差

在水准尺上估读毫米时，人眼分辨力以及望远镜放大倍率是有限的，会使读数产生误差。估读误差与望远镜放大倍率以及视线长度有关。在水准测量时，应遵循不同等级的测量对望远镜放大倍率和最大视线长度的规定，以保证估读精度。同时，视差对读数影响很大，观测时要仔细进行目镜和物镜的调焦，严格消除视差。

2. 水准尺倾斜误差

水准尺倾斜，总是使读数增大。倾斜角越大，造成的读数误差就越大。因此，水准测量时，应尽量使水准尺竖直。

（三）外界条件的影响

水准测量中，外界条件的影响有以下几类。

1. 仪器下沉

仪器下沉会使视线降低，从而引起高差误差。精度要求较高的等级水准测量，在测站上采用"后、前、前、后"观测程序，可以减弱仪器下沉对高差的影响。

2. 尺垫下沉

在土质松软地带，尺垫容易产生下沉，引起下站后视读数增大。采用往返观测取高差平均值，可减弱此项误差影响。

3. 地球曲率及大气折光的影响

由于地球曲率和大气折光的影响，测站上水准仪的水平视线，相对于与之对应的水准面，会在水准尺上产生读数误差，且视线越长误差越大。若前、后视距相等，则地球曲率与大气折光对高差的影响将得到消除或大大减弱。

4. 天气的影响

温度变化会引起大气折光的变化，夏天气温较高时，水准尺影像会跳动，影响准确读数；光线较暗和有雾气时，也会影响准确读数。因此，水准测量时，应选择有利观测时间。

二、水准测量注意事项

在进行水准测量时，应注意以下各点。

1）观测前对所用仪器和工具，必须认真进行检验和校正。

2）在野外测量过程中，水准仪及水准尺应尽量安置在坚实的地面上。三脚架和尺垫要踩实，以防仪器和尺子下沉。

3）前、后视距应尽量相等，以消除视准轴不平行于水准管轴的误差和地球曲率与大气折光的影响。

4）前、后视距不宜太长，一般不要超过 100m。视线高度应使上、中、下三丝都能在水准尺上读数，以减小大气折光影响。

5）水准尺必须扶直，不得倾斜。使用过程中，要经常检查和清除尺底泥土。塔尺衔接处要卡住，防止二、三节塔尺下滑。

6）读完数后应再次检查水准气泡是否仍然吻合，如不吻合应重读。

7）记录员要复诵读数，以便核对。记录要整洁、清楚、端正。如果有错，不能用橡皮擦去，而应在改正处划一横，在旁边注上改正后的数字。

8）在烈日下作业要撑伞遮住阳光，避免气泡因受热不均而影响其稳定性。

能 力 训 练

1. 单项选择题

（1）下列（　　）不是测量高程的方法。

A. 温度测量　　　　　B. 水准测量　　　　　C. 三角高程测量　　　D. 气压高程测量

（2）水准测量是根据水准仪提供的（　　），直接测出地面上两点的高差，从而计算出待求点的高程。

A. 望远镜　　　　　　B. 水准器　　　　　　C. 水平视线　　　　　D. 读数

（3）下面各式，（　　）是正确的。

A. $H_A+b=H_B+a$　　　B. $H_A-a=H_B-b$　　　C. $h_{AB}=H_A-H_B$　　　D. $H_A+a=H_B+b$

（4）建筑工地常用 DS_3 水准仪进行施工测量，其中数字 3 表示使用这种水准仪进行每公里水准测量，其往返高差中误差（　　）。

A. 不超过±3mm　　　B. 不小于±3mm　　　C. 不超过 3mm　　　D. 不小于 3mm

（5）使用脚螺旋来调平测量仪器时，气泡的移动方向与（　　）移动方向一致。

A. 左手大拇指　　　　B. 右手大拇指　　　　C. 两手大拇指　　　D. 左手食指

（6）使用自动安平水准仪一般按步骤（　　）进行。

A. 安置仪器—粗略整平—瞄准—读数　　　B. 安置仪器—粗略整平—读数—瞄准

C. 粗略整平—安置仪器—瞄准—读数　　　D. 粗略整平—安置仪器—读数—瞄准

（7）一般将水准路线的观测高差与已知高差之间的差值，称为（　　）。

A. 高差　　　　　　　B. 高差闭合差　　　　C. 误差　　　　　　　D. 观测误差

（8）建筑工地常用的 DS_3 仪器，其中的 D 是指（　　）。

A. 大型仪器　　　　　B. 大地测量　　　　　C. 水准仪　　　　　　D. 测量仪器

2. 判断题（对的在括号里打√、错的打×）

（1）水准点一般用字母 BM 表示。　　　　　　　　　　　　　　　　　　　　（　　）

（2）进行水准测量时使前、后视距相等。　　　　　　　　　　　　　　　　　（　　）

（3）测站检核常用的检核方法有视线高法和双面尺法两种。　　　　　　　　　（　　）

（4）水准路线分为闭合水准路线、附合水准路线和支水准路线。　　　　　　　（　　）

（5）转点的作用是传递高程。　　　　　　　　　　　　　　　　　　　　　　（　　）

（6）附合水准路线的高差闭合差为 0。　　　　　　　　　　　　　　　　　　（　　）

3. 思考题

（1）水准仪主要由哪几部分组成？圆水准器和管水准器各有何作用？

（2）简述水准测量一个测站的工作程序。

（3）在水准测量中，什么是转点？它有什么作用？

（4）水准外业操作时，有哪些注意事项？

（5）自动安平水准仪的优点是什么？简述它的基本操作步骤。

（6）简述水准测量内业计算的步骤。

4. 计算题

（1）将图 2-22 中水准测量观测数据填入表 2-11 中，已知 A 点高程为 45.258m，请计算出各点的高差及 B 点的高程，并进行计算检核。

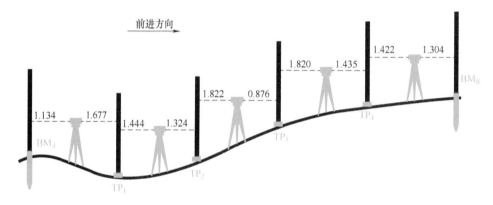

图 2-22　连续水准测量观测数据（能力训练）

表 2-11　水准测量记录手簿（能力训练）

仪器名称： 工程名称：		日期： 天气：			观测： 记录：		
测点	后视读数/m	前视读数/m	高差/m		高程/m	备注
			+	−		
计算校核						

（2）如图 2-23 所示闭合水准路线，已知点高程及观测数据已注于图中。请将水准测量观测数据填入表 2-12 中，并计算出各点的高差及高程，然后检核。

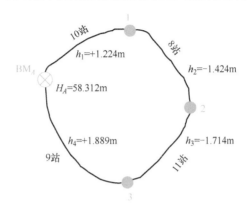

图 2-23 闭合水准外业数据（能力训练）

表 2-12 闭合水准测量成果计算表（能力训练）

段号	点名	测站数	实测高差/m	改正数/mm	改正后高差/m	高程/m	备注
1						58.312	
2							
3							
4							
Σ							
辅助计算							

项目三

角度测量

项目三

项目导读

角度测量是确定地面点平面位置的测量工作之一，也是测量工作的三项基本工作之一。本项目将详细介绍经纬仪的架设及使用、读数，运用经纬仪来测水平角度与竖直角度的操作、计算与检核等。

知识目标

1. 掌握角度测量的原理。
2. 掌握电子经纬仪水平角观测及计算。
3. 掌握电子经纬仪垂直角观测及计算。
4. 了解角度测量的误差来源及注意事项。

能力目标

1. 熟练操作电子经纬仪。
2. 能使用经纬仪进行角度的观测、记录和计算。
3. 学会电子经纬仪的检验与校正。

任务一　认识与使用经纬仪

在工程建设施工测量中，经常需要测量各种角度，角度测量包括水平角测量和竖直角测量两大类，角度测量的常用仪器是经纬仪。那么，角度测量的基本原理是什么？如何使用和操作经纬仪？

任务描述

对经纬仪进行对中、整平和照准。

知识链接

一、角度测量原理

（一）水平角度测量原理

水平角是指空间相交的两条直线在水平面上的投影所构成的夹角，用 β 表示，其数值为 $0° \sim 360°$。如图 3-1 所示，将地面上高程不同的三点 A、O、B 沿铅垂线方向投影到同一水平面 H 上，得到 a、o、b 三点，则水平线 oa、ob 之间的夹角 β，就是地面上 OA、OB 两方向线之间的水平角。

由图 3-1 可以看出，水平角 β 就是过 OA、OB 两直线所作竖直面之间的二面角。为了测出水平角的大小，可以设想在两竖直面的交线上任选一点 o' 处，水平放置一个按顺时针方向刻划的圆形量角器（称为水平度盘），使其圆心与 O 在同一铅垂线上。过 OA、OB 的竖直面与水平度盘的交线的读数分别为 a'、b'，于是地面上 OA、OB 两方向线之间的水平角 β 可按下式求得：

$$\beta = b' - a' \tag{3-1}$$

例如，若 OA 竖直面与水平度盘的交线的读数为 $70°$，OB 竖直面与水平度盘的交线的读数为 $120°$，则其水平角为 $\beta = 120° - 70° = 50°$。

（二）竖直角度测量原理

在同一竖直面内，某一倾斜视线与水平线之间的夹角称为竖直角，用 α 表示。当倾斜视线在水平线之上时，竖直角为正值，成为仰角；当倾斜

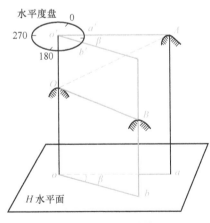

图 3-1　水平角度测量原理

水平角测量原理

竖直角测量原理

视线在水平线之下时，竖直角为负值，成为俯角。竖直角的取值范围为$-90°\sim90°$。在同一竖直面内，视线与铅垂线的天顶方向之间的夹角称为天顶距。

如图3-2所示，假设在过O点的铅垂面内安置一个具有刻度分划的垂直圆盘，并使它的中心过O点所在的竖直线，该盘称为竖直度盘；通过瞄准各读数装置可分别获得目标视线的读数和水平视线的读数，则竖直角α＝目标视线读数－水平视线读数。

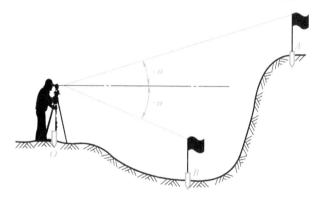

图 3-2　竖直角度测量原理

二、光学经纬仪的构造

经纬仪按构造原理和读数系统分为游标经纬仪、光学经纬仪、电子经纬仪；按精度高低分为DJ_{07}、DJ_1、DJ_2、DJ_6、DJ_{15}、DJ_{60}。工程测量中，角度测量常用DJ_2、DJ_6两个等级系列的光学经纬仪，"D"表示"大地测量"，"J"表示"经纬仪"，2、6分别表示该仪器一测回水平方向观测值中误差不超过的秒数，数值越大则精度越低。其中DJ_6级经纬仪属普通经纬仪，DJ_2级经纬仪属精密经纬仪。如图3-3所示为DJ_6型光学经纬仪的构造。

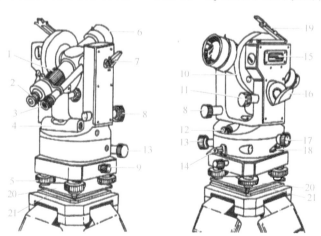

图 3-3　DJ_6型光学经纬仪的构造

1—望远镜物镜调焦螺旋　2—目镜及目镜调焦　3—读数显微镜　4—照准部水准管　5—脚螺旋　6—望远镜物镜
7—望远镜制动扳钮（螺旋）　8—望远镜微动螺旋　9—中心锁紧螺旋　10—竖直度盘　11—竖盘指标管水准器微动螺旋
12—光学对中器镜　13—水平微动螺旋　14—水平制动扳钮（螺旋）　15—竖盘指标管水准器
16—度盘照明反光镜　17—水平度盘变换手轮　18—保险手柄　19—竖盘指标管水准器观察反射镜　20—托板　21—压板

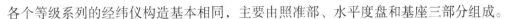

各个等级系列的经纬仪构造基本相同，主要由照准部、水平度盘和基座三部分组成。

(一) 基座

基座用来支承仪器，并通过连接螺旋与脚架相连。基座上的轴座固定螺栓用来连接基座和照准部，脚螺旋用来整平仪器。基座的中心轴可以使仪器在水平方向旋转，称为竖轴。中心轴和连接螺旋都是空心的，以便仪器上光学对中器的视线能穿过它们，看见地面点标志。

(二) 照准部

照准部主要由望远镜、读数设备、管水准器、竖轴和竖直度盘等部件组成。

经纬仪望远镜构造与水准仪基本相同，由物镜、目镜、调焦透镜和十字丝分划板等组成，不同的是物镜调焦螺旋的位置和望远镜十字丝的形状。经纬仪望远镜的物镜调焦螺旋是与望远镜同轴的调焦环，而十字丝一半为单丝，一半为双丝，用来照准不同标志形式的目标。望远镜的旋转轴称为横轴。望远镜通过横轴安置在照准部两侧的支架上，当横轴水平时，望远镜绕水平轴旋转，将扫过一个竖直面。另外，为了扩大瞄准的视野及方便瞄准，在望远镜上还设有准星、缺口等。仪器的竖轴处于管状竖轴轴套内，可使整个照准部绕仪器竖轴做水平旋转。仪器上设有水平制动螺旋（扳钮）和水平微动螺旋，用来控制水平方向的转动。

(三) 水平度盘

水平度盘是由光学玻璃制成的圆盘，其边缘全圆周按顺时针方向刻有 $0° \sim 360°$ 的分划，度盘最小分划值为 $30'$，用于测量水平角。水平度盘与一金属的空心轴套结合，套在竖轴轴套的外面，并可自由转动。水平度盘的下方有一个固定在水平度盘旋转轴上的金属复测盘。

复测盘配合仪器外壳上的复测扳钮，可使水平度盘与照准部结合或分离。扳下复测扳钮，复测装置的簧片便夹住复测盘，使水平度盘与照准部结合在一起，仪器处于非工作状态，当旋转仪器时，水平度盘也随之转动，读数不变；扳上复测扳钮，其簧片便与复测盘分开，水平度盘也和照准部脱离，当仪器旋转时，水平度盘则静止不动，此时仪器处于工作状态。带复测装置的经纬仪有时也称复测经纬仪。

有的经纬仪没有复测装置，而是设置一个水平度盘变换手轮，在水平角测量过程中，如需要改变度盘位置，可转动该手轮，水平度盘即随之转动。为了避免观测过程中不慎碰到度盘变换手轮，特设置一个护盖，待调好度盘后及时将其盖住。这种经纬仪也称方向经纬仪。

三、电子经纬仪的构造

电子经纬仪是在光学经纬仪的基础上发展起来的新型测角仪器，仍保留着光学经纬仪的许多特征。电子经纬仪与光学经纬仪的根本区别在于：前者用微机控制的电子测角系统代替光学读数系统。电子经纬仪采用电子测角方法，不但可以消除许多人为影响，提高测量精度，更重要的是能使测角过程自动化。如图 3-4 所示为电子经纬仪的基本构造。

四、经纬仪的使用

经纬仪的使用包括安置、对中、整平、瞄准、读数等。

1. 安置

打开三脚架，使架头大致水平并大致对中。从仪器箱取出经纬仪，安放在脚架上，拧紧中心螺栓。

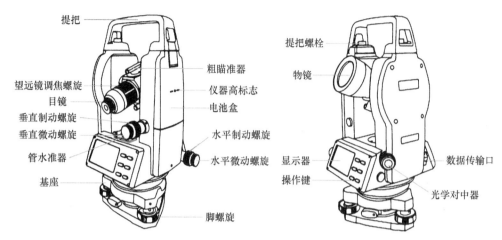

图 3-4 电子经纬仪的基本构造

2. 粗略对中

对中的目的是使仪器中心与测站点位于同一铅垂线上。

手持两个架腿（第三个架腿不动），前后左右移动经纬仪（尽量不要转动），同时观察对中器中心与地面标志点是否对上。当对中器中心与地面标志接近时，慢慢放下脚架，踩稳三个脚架，然后转动基座脚螺旋，使对中器中心对准地面标志中心。

3. 粗略整平

通过伸缩三脚架，使圆水准器气泡居中，此时经纬仪粗略水平。

注意这步操作中不能使脚架位置移动，因此在伸缩脚架时，最好用脚轻轻踏住脚架。圆水准器气泡居中后，检查对中器中心是否还与地面标志点对准。若偏离较大，转动基座脚螺旋，使对中器中心重新对准地面标志，然后伸缩三脚架使圆水准器气泡居中；若偏离不大，进行下一步操作。

4. 精确对中

松开基座与脚架之间的中心螺旋，在脚架头上平移仪器，使对中器中心精确对准地面标志点，然后旋紧中心螺旋。如果第 2 步和第 3 步操作后，对中没有偏离，可省略本步操作。

5. 精确整平

通过转动基座脚螺旋精确整平，使照准部管水准器气泡在各个方向均居中。具体操作方法如下：先转动照准部，使照准部管水准器平行于任意两个脚螺旋的连线方向，如图 3-5a 所示。两手同时向内或向外旋转这两个脚螺旋，使气泡居中（气泡移动的方向与转动脚螺旋时左手大拇指运动方向相同）；再将照准部旋转 90°，旋转第三个脚螺旋，使气泡居中，如图 3-5b 所示。按这两个步骤反复进行整平，直至管水准器在任何方向气泡均居中时（气泡偏移量不超过 1 格）。

注意检查对中器中心是否偏离地面标志点；如偏离量大于规定的值（2mm），重复第 3、第 4、第 5 步操作。

6. 瞄准

瞄准的操作步骤如下。

1）调节目镜调焦螺旋，使十字丝清晰。

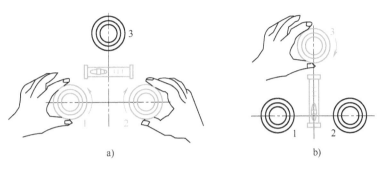

图 3-5 精确整平经纬仪

2）松开垂直制动螺旋和水平制动螺旋（也称望远镜制动螺旋和照准部制动螺旋），利用望远镜上的照门和准星（或瞄准器）瞄准目标，使在望远镜内能够看到目标物像，然后旋紧上述两个制动螺旋。

3）转动物镜调焦螺旋，使目标影像清晰，并注意消除视差，即眼睛上下左右移动时，十字丝在目标上的位置都不改变。

4）旋转垂直微动螺旋和水平微动螺旋（也称望远镜微动螺旋和照准部微动螺旋），精确地照准目标。如是测水平角，用十字丝的竖丝精确照准目标的中心；如是测竖直角，用十字的横丝精确地切准目标的顶部或者中心。

7. 读数

在转动仪器照准部的同时，水平度盘的读数和竖直度盘的读数在显示窗上自动显示，瞄准后直接读取即可。

📋 **任务实施**

一、任务组织

1）建议 4~6 人为一组，明确职责和任务，组长负责协调组内测量分工。

2）实训设备：DJ_6 光学经纬仪 1 台、三脚架 1 副、标杆 2 根、记录板 1 块、实训记录表（按需领取）、铅笔、橡皮等。

二、实施过程

1. 仪器对中（光学对中、垂球对中）和整平（粗平、精平）

在地面上选择坚固平坦的区域，用记号笔在地面上画"十"字符号，十字线交点作为测站中心点。

（1）光学对中（对中误差要求小于 1mm）

① 粗对中：先将三脚架安置在测站点上，三脚架头面大致水平。双手紧握三脚架，眼睛观察光学对中器，调整目镜调焦螺旋使十字丝清晰可见。再调整物镜调焦螺旋使对中标志清晰可见。移动三脚架使对中标志基本对准测站点的中心，将三脚架的脚尖踩入土中。

② 粗平：伸缩三脚架使圆水准器气泡居中。

③ 精对中：旋转脚螺旋使对中标志准确对准测站点的中心，光学对中误差要求小于 1mm。

④ 精平：转动照准部，使管水准器与任意两个脚螺旋连线平行，两手以相反方向同时旋转两个脚螺旋，使水准管气泡居中（气泡移动方向与左手大拇指移动方向一致）。再将照准部旋转 90°，调节第三个脚螺旋使水准管气泡居中。反复以上操作，直至气泡在任何方向居中。

⑤ 再次精对中：放松连接螺旋，眼睛观察光学对中器，平移仪器支座（注意不要有旋转运动），使对中标志对准测站点标志，拧紧连接螺旋。旋转照准部，在相互垂直的两个方向检查照准部管水准器气泡的居中情况。如果仍然居中，则仪器安置完成，否则应从上述的粗平开始重复操作。

（2）垂球对中（对中误差要求小于 3mm）

垂球对中参考光学对中采用粗对中与粗平，再精对中与精平的步骤。因垂球对中的精度小于光学对中，且易受环境影响，故在风力较大时，应采用光学对中。

2. 瞄准目标

松开照准部和望远镜的制动螺旋，用瞄准器粗略瞄准目标，拧紧制动螺旋。调节目镜调焦螺旋，看清十字丝，再转动物镜调焦螺旋，使目标影像清晰。转动水平微动螺旋和望远镜微动螺旋，用十字丝精确瞄准目标，并消除视差。

任务评价

本次任务的任务评价见表 3-1。

表 3-1 认识与使用经纬仪任务评价

实训项目						
小组编号			学生姓名			
序号	考核项目	分值	实训要求		自我评定	教师评价
1	任务完成情况	50	熟悉经纬仪的构造及功能；掌握经纬仪的使用方法，对中、整平符合限差要求；能正确进行读数			
2	实训记录	20	规范、完整记录所读数据，无转抄、涂改等，计算准确			
3	实训纪律	15	遵守课堂纪律，动作规范，无事故发生			
4	团队协作能力	15	服从安排，吃苦耐劳，配合其他人员工作，文明作业			

小组其他成员评价得分：_____、_____、_____、_____、_____

实训总结与反思：

任务二　测回法测量水平角

任务背景

　　水平角测量用于确定地面点的平面位置，水平角测量主要方法包括测回法和全圆方向观测法。那么运用经纬仪进行测回法观测的步骤是什么？如何根据测回法进行两个方向之间的单角计算？

任务描述

　　如图 3-6 所示，运用测回法完成对三角形内角的水平角测量。

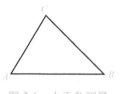

图 3-6　水平角测量

知识链接

　　测回法适用于观测两个方向之间的单角。

　　【例题 3-1】　如图 3-7 所示，设 O 为测站点，A、B 为观测目标。试用测回法观测 OA 与 OB 两方向之间的水平角 β。

水平角测量——
测回法

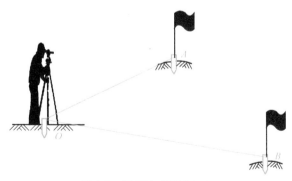

图 3-7　测回法观测水平角

　　解：具体施测步骤如下。

　　1）在测站点 O 安置经纬仪，在 A、B 两点竖立测杆或测钎等，作为目标标志。

　　2）将仪器置于盘左位置，转动照准部，先瞄准左目标 A，读取水平度盘读数 a_L，设读

51

数为 $0°01'30''$，记入表 3-2 内。松开照准部制动螺旋，顺时针方向转动照准部，瞄准右目标 B，读取水平度盘读数 b_L，设读数为 $98°20'48''$，记入表 3-2 内。

以上称为上半测回，盘左位置的水平角角值（也称上半测回角值）β_L 为

$$\beta_L = b_L - a_L = 98°20'48'' - 0°01'30'' = 98°19'18''$$

3）松开照准部制动螺旋，倒转望远镜成盘右位置。先瞄准右目标 B，读取水平度盘读数 b_R，设读数为 $278°21'12''$，记入表 3-2 内。松开照准部制动螺旋，逆时针方向转动照准部，瞄准左目标 A，读取水平度盘读数 a_R，设读数为 $180°01'42''$，记入表 3-2 内。

以上称为下半测回，盘右位置的水平角角值（也称下半测回角值）β_R 为

$$\beta_R = b_R - a_R = 278°21'12'' - 180°01'42'' = 98°19'30''$$

上半测回和下半测回构成一测回。

表 3-2　测回法记录手簿

测点	盘位	目标	水平度盘读数	水平角			备注
				半测回值	一测回值	各测回平均值	
			° ′ ″	° ′ ″	° ′ ″	° ′ ″	
第一测回 O	左	A	0　01　30	98　19　18			
		B	98　20　48		98　19　24		
	右	A	180　01　42	98　19　30		98　19　30	
		B	278　21　12				
第二测回 O	左	A	90　01　06	98　19　30			
		B	188　20　36		98　19　36		
	右	A	270　00　54	98　19　42			
		B	8　20　36				

4）对于 DJ_6 型光学经纬仪，如果上、下两半测回角值之差不大于 $\pm 40''$，认为观测合格。此时，可取上、下两半测回角值的平均值作为一测回角值 β。

在本例中，上、下两半测回角值之差为

$$\Delta\beta = \beta_L - \beta_R = 98°19'18'' - 98°19'30'' = -12''$$

一测回角值为

$$\beta = \frac{1}{2}(\beta_L + \beta_R) = \frac{1}{2}(98°19'18'' + 98°19'30'') = 98°19'24''$$

将结果记入表 3-2 内。

注意：由于水平度盘是顺时针刻划和注记的，所以在计算水平角时，总是用右目标的读数减去左目标的读数；如果不够减，则应在右目标的读数上加上 $360°$，再减去左目标的读数，不可以倒过来减。当测角精度要求较高时，需对一个角度观测多个测回，应根据测回数 n，以 $180°/n$ 的差值，安置水平度盘读数。例如，当测回数 $n=2$ 时，第一测回的起始方向读数可安置在略大于 $0°$ 处；第二测回的起始方向读数可安置在略大于（$180°/2$）$= 90°$ 处；当测回数 $n=3$ 时，各测回起始方向读数应等于或略大于 $0°$、$60°$、$120°$。

对于 DJ_6 型经纬仪来说，各测回角值互差如果不超过 $\pm 24''$，取各测回角值的平均值作为最后角值，记入表 3-2 内。

 **任务实施**

一、任务组织

1）建议 4~6 人为一组，明确职责和任务，组长负责协调组内测量分工。

2）实训设备：DJ$_6$ 光学经纬仪 1 台、三脚架 1 副、标杆 2 根、记录板 1 块、实训记录表（按需领取）、铅笔、橡皮等。

二、实施过程

在教师的指导下，在实训场地选定 A、B、C 三点构成一个三角形。如图 3-6 所示，在选定点打入木桩或用油漆做好标记。

以图 3-6 中的 $\angle CAB$ 为例，水平角度观测及计算步骤如下。

1）在 A 点安置经纬仪，并对中整平。

2）盘左：瞄准左边目标 C，水平角置零；顺时针方向转动照准部，瞄准右边目标 B，进行读数记 b_1，填入表 3-3，计算上半测回角值 $\beta_L = b_1$。

3）盘右：瞄准右边目标 B，进行读数记 b_2；逆时针方向转动照准部，瞄准左边目标 C，进行读数记 a_2，填入表 3-3，计算下半测回角值 $\beta_R = b_2 - a_2$。

4）检查上、下半测回角值互差是否超限，不超过 $\pm 40''$ 则计算一测回角值 β。

5）将仪器分别搬至 B 点、C 点，参照第 1）~4）步完成另外两个角度的水平角度测量，将观测结果填入表 3-3，并计算。

三、实训记录（表 3-3）

表 3-3　测回法测水平角记录手簿

测点	盘位	目标	水平度盘读数	水平角			备注
				半测回值	一测回值	三角形内角和	
			° ′ ″	° ′ ″	° ′ ″	° ′ ″	

本次任务的任务评价见表3-4。

表 3-4 测回法测量水平角任务评价

实训项目					
小组编号		学生姓名			
序号	考核项目	分值	实训要求	自我评定	教师评价
1	经纬仪的安置	20	正确进行经纬仪的安置，对中、整平误差符合限差要求；每错一点，扣10分，扣完为止		
2	读数	20	能正确按照测回法的步骤进行水平角度测量；观测步骤错误，发现一次扣5分，扣完为止		
3	实训记录	40	规范、完整记录所读数据，无转抄、涂改等，计算准确无误。半测回限差超过限差要求，一次扣10分；内角和超过限差要求，一次扣20分，扣完为止		
4	实训纪律	10	遵守课堂纪律，动作规范，无事故发生		
5	团队协作能力	10	服从安排，吃苦耐劳，配合其他人员工作，文明作业		

小组其他成员评价得分：_____、_____、_____、_____、_____

实训总结与反思：

任务三 方向观测法测量水平角

任务背景

在实际工作中，有时需要在一个测站上观测三个及三个以上方向的水平角度，此时即可运用方向观测法来进行测量。那么运用经纬仪进行方向观测法观测的步骤是什么？如何根据方向观测法进行三个及三个以上方向之间的角度计算？

任务描述

学会用方向观测法测量水平角。

方向观测法

 知识链接

方向观测法简称方向法，适用于在一个测站上观测两个以上方向。

1. 方向观测法的观测方法

如图 3-8 所示，设 O 为测站点，A、B、C、D 为观测目标。
用方向观测法观测各方向间的水平角，具体步骤如下。

（1）安置经纬仪

在测站点 O 安置经纬仪，在 A、B、C、D 观测目标处竖立观测标志。

（2）盘左位置

选择一个明显目标 A 作为起始方向，瞄准零方向 A，将水平度盘读数安置在稍大于 $0°$ 处，读取水平度盘读数，记入表 3-5 中第 4 栏。

松开照准部制动螺旋，顺时针方向旋转照准部，依次瞄准 B、C、D 各目标，分别读取水平度盘读数，记入表 3-5 第 4 栏。为了校核，再次瞄准零方向 A，称为上半测回归零。读取水平度盘读数，记入表 3-5 第 4 栏。

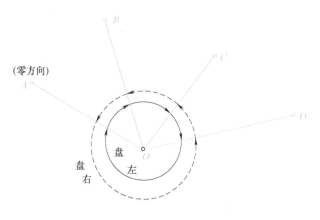

图 3-8　方向观测法测量水平角

零方向 A 的两次读数之差的绝对值，称为半测回归零差。归零差不应超过表 3-6 中的规定；如果归零差超限，应重新观测。

以上称为上半测回。

（3）盘右位置

逆时针方向依次照准目标 A、D、C、B、A，并将水平度盘读数由下向上记入表 3-5 第 5 栏，此为下半测回。

上、下两个半测回合称一测回。为了提高精度，有时需要观测 n 个测回，则各测回起始方向仍按 $180°/n$ 的差值，安置水平度盘读数。

2. 方向观测法的计算方法

（1）计算两倍视准轴误差 $2c$ 值

$$2c = 盘左读数 - （盘右读数 \pm 180°）$$

上式中，盘右读数大于 $180°$ 时取 "$-$" 号，盘右读数小于 $180°$ 时取 "$+$" 号。计算各方向的 $2c$ 值，填入表 3-5 第 6 栏。一测回内各方向 $2c$ 值互差不应超过表 3-6 中的规定；如果超限，应在原度盘位置重测。

（2）计算各方向的平均读数

平均读数又称为各方向的方向值，按下式计算：

$$平均读数 = \frac{1}{2}\left[盘左读数+（盘右读数\pm180°）\right]$$

计算时，以盘左读数为准，将盘右读数加或减 180°后，和盘左读数取平均值。计算各方向的平均读数，填入表 3-5 第 7 栏。起始方向有两个平均读数，故应再取其平均值，填入表 3-5 第 7 栏上方小括号内。

（3）计算归零后的方向值

将各方向的平均读数减去起始方向的平均读数（括号内数值），即得各方向的"归零后方向值"，填入表 3-5 第 8 栏。起始方向归零后的方向值为零。

表 3-5　方向观测法记录手簿

测站	测回数	目标	水平度盘读数		2c	平均读数	归零后方向值	各测回归零后方向平均值	略图及角值
			盘左	盘右					
			° ′ ″	° ′ ″	″	° ′ ″	° ′ ″	° ′ ″	° ′ ″
1	2	3	4	5	6	7	8	9	10
O	第一测回	A	0 02 12	180 02 00	+12	(0 02 10) 0 02 06	0 00 00	0 00 00	
		B	37 44 15	217 44 05	+10	37 44 10	37 42 00	37 42 01	
		C	110 29 04	290 28 52	+12	110 28 58	110 26 48	110 26 52	
		D	150 14 51	330 14 43	+8	150 14 47	150 12 37	150 12 33	
		A	0 02 18	180 02 08	+10	0 02 13			
	第二测回	A	90 03 30	270 03 22	+8	(90 03 24) 90 03 26	0 00 00		
		D	127 45 34	307 45 28	+6	127 45 31	37 42 07		
		C	200 30 24	20 30 18	+6	200 30 21	110 26 57		
		B	240 15 57	60 15 49	+8	240 15 53	150 12 29		
		A	90 03 25	270 03 18	+7	90 03 22			

（4）计算各测回归零后方向值的平均值

多测回观测时，同一方向值各测回互差符合表 3-6 中的规定，则取各测回归零后方向值的平均值，作为该方向的最后结果，填入表 3-5 第 9 栏。

（5）计算各目标间水平角角值

将表 3-5 第 9 栏相邻两方向值相减即可求得各目标间水平角角值，标注于第 10 栏略图的相应位置上。当需要观测的方向为三个时，除不做归零观测外，其他均与三个以上方向的观测方法相同。

3. 方向观测法的技术要求

方向观测法的技术要求见表 3-6。

表 3-6　方向观测法的技术要求

经纬仪型号	半测回归零差	一测回内 $2c$ 互差	同一方向值各测回互差
DJ_2	12″	18″	12″
DJ_6	18″	—	24″

任务四　竖直角测量

任务背景

在工程建设中，为了完成一些坡度值的计算，往往需要测量两点之间的竖直角度，那么如何进行竖直角度测量呢？

任务描述

利用 DJ_6 光学经纬仪进行竖直角度测量。

知识链接

竖直角测量用于测定地面点的高程或将倾斜距离换算成水平距离。

一、竖直度盘的构造

竖直角是通过仪器的竖直度盘（简称竖盘）来测定的。竖直度盘垂直固定在望远镜横轴的一端，其中心在横轴的中心上。当望远镜为了寻找目标，在竖直面内上下转动时，竖盘与望远镜一起转动。竖直读数指标安置在通过竖直度盘中心的铅垂（或水平）位置上，与竖盘指标水准管固连在一起，它们不随望远镜转动而转动。

竖直度盘的注记形式很多，常见的为全圆式注记。注记方向又分顺时针和逆时针两种，如图 3-9 所示。当视线水平时，指标线所指的盘左读数为 90°，盘右为 270°。

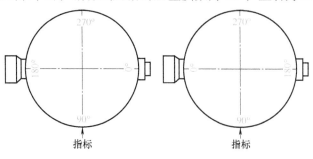

a) 顺时针注记　　　　　　b) 逆时针注记

图 3-9　竖直度盘注记形式

二、竖直角的计算

因竖直度盘的注记形式不同，由竖直度盘读数计算竖直角的公式也不一样。下面以顺时针注记的度盘为例，推导竖直角的计算公式。

如图 3-10a 所示，望远镜位于盘左位置。当视线水平时，竖盘读数为 90°，当望远镜瞄准某一目标时，竖盘读数为 L，则盘左竖直角 α_L 为

$$\alpha_L = 90° - L \qquad (3\text{-}2)$$

如图 3-10b 所示，望远镜位于盘右位置。当视线水平时，竖盘读数为 270°，当望远镜瞄准某一目标时，竖盘读数为 R，则盘左竖直角 α_R 为

$$\alpha_R = R - 270° \qquad (3\text{-}3)$$

平均竖直角为

$$\alpha = \frac{1}{2}(\alpha_L + \alpha_R) = \frac{1}{2}(R - L - 180°) \qquad (3\text{-}4)$$

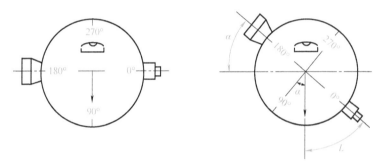

a) 盘左位置

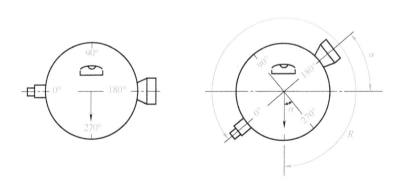

b) 盘右位置

图 3-10　竖直角计算示意图

三、竖盘指标差

上述竖直角计算公式是在假定读数指标线位置正确的情况下得出的。实际工作中，当望远镜视线水平且竖盘指标水准管气泡居中时，竖盘读数往往不是应有的常数。盘左时竖盘读数应为 90°，盘右时竖盘读数应为 270°，但如果竖盘指标不是指在 90°或 270°上，那么竖盘读数与 90°或 270°的差值 x 称为竖盘指标差。如图 3-11 所示为盘左、盘右观测同一目标的竖盘指标位置。

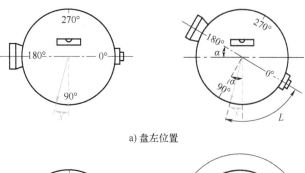

a) 盘左位置

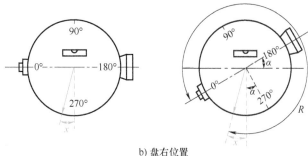

b) 盘右位置

图 3-11 竖盘指标差示意图

图 3-11a 为盘左位置,由于指标差的存在,这时正确的竖直角为

$$\alpha_L = 90° - (L - x) \tag{3-5}$$

图 3-11b 为盘右位置,由于指标差的存在,这时正确的竖直角为

$$\alpha_R = (R - x) - 270° \tag{3-6}$$

将上述两式相加或相减后再除以 2,分别得到

$$\alpha = \frac{1}{2}(\alpha_L + \alpha_R) = \frac{1}{2}(R - L - 180°) \tag{3-7}$$

$$x = \frac{1}{2}(\alpha_R - \alpha_L) = \frac{1}{2}(L + R - 360°) \tag{3-8}$$

由式(3-7)可知,通过盘左、盘右观测竖直角取平均值,可以消除竖盘指标差的影响。式(3-8)为竖盘指标差的计算公式。

四、竖直角观测方法

竖直角观测是用十字丝横丝切于目标顶端,调节竖盘指标管水准器气泡居中后,读取竖盘读数,按公式计算出竖直角。其具体步骤如下。

1)如图 3-12 所示,安置经纬仪于测站点 O 上。对中,整平,调焦。

2)盘左位置照准目标 A,用十字丝横丝切准目标的顶端。

3)转动竖盘指标管水准器微动螺旋,使竖盘指标管水准器气泡居中,盘左时照准目标的竖盘读数为

$$L = 41°27'18''$$

记入表 3-7 中的相应位置,完成上半测回的观测。

4)盘右位置再照准目标 A 的同一位置,同样,竖盘指标管水准器气泡居中时的竖盘读数为

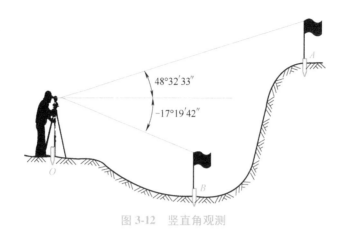

图 3-12　竖直角观测

$$R = 318°32'24''$$

记入表 3-7 中的相应位置，完成下半测回的观测。

上、下半测回合为一测回。

5）计算竖盘指标差和竖直角。

竖盘指标差为

$$x = \frac{1}{2}(L+R-360°) = \frac{1}{2}(41°27'18''+318°32'24''-360°) = -9''$$

根据竖直角计算公式，可得

$$\alpha_L = 90°-L = 90°-41°27'18'' = 48°32'42''$$

$$\alpha_R = R-270° = 318°32'24''-270° = 48°32'24''$$

则平均竖直角为

$$\alpha = \frac{1}{2}(\alpha_L+\alpha_R) = \frac{1}{2}(48°32'42''+48°32'24'') = 48°32'33''$$

B 点的观测与 A 点步骤相同。测量完毕，将上述数值填入表 3-7 中。

表 3-7　竖直角观测手簿

测站	目标	盘位	竖盘读数			指标差	半测回竖直角值			平均竖直角值			备注
			°	′	″	″	°	′	″	°	′	″	
O	A	左	41	27	18	−9	48	32	42	48	32	33	
		右	318	32	24		48	32	24				
	B	左	107	19	48	+6	−17	19	48	−17	19	42	
		右	252	40	24		−17	19	36				

📋 任务实施

一、任务组织

1）建议 4~6 人为一组，明确职责和任务，组长负责协调组内测量分工。

2）实训设备：DJ$_6$ 光学经纬仪 1 台、三脚架 1 副、标杆 2 根、记录板 1 块、实训记录表（按需领取）、铅笔、橡皮等。

二、实施过程

1. 安置仪器

在实验场地安置经纬仪，进行对中、整平。

2. 盘左观测

1）瞄准目标。用十字丝横丝切准目标的顶端。

2）精平。转动微倾旋钮，使竖直度盘的水准器气泡居中。

3）读数。读取竖盘读数 L，计算竖直角 α_L 并记入表 3-8 中。

3. 盘右观测

观测步骤同上，读取竖盘读数 R，计算竖直角值 α_R，并记入表 3-8 中。

4. 计算

计算一测回竖盘指标差及竖直角的平均值。

三、实训记录（表 3-8）

表 3-8　竖直角测量记录手簿

测站	目标	盘位	竖盘读数 ° ′ ″	指标差 ″	半测回竖直角值 ° ′ ″	平均竖直角值 ° ′ ″	备注

 任务评价

本次任务的任务评价见表 3-9。

表 3-9　竖直角测量任务评价

实训项目						
小组编号		学生姓名				
序号	考核项目	分值	实训要求		自我评定	教师评价
1	经纬仪的安置	20	正确进行经纬仪的安置，对中、整平误差符合限差要求；每错一点，扣 10 分，扣完为止			
2	测量过程	30	能规范完成竖直角的测量；观测步骤错误，发现一次扣 10 分，扣完为止			

（续）

序号	考核项目	分值	实训要求	自我评定	教师评价
3	实训记录	30	规范、完整记录所读数据，无转抄、涂改等，计算准确无误，否则一处扣 2 分。计算正确，指标差符合要求；错误一个扣 15 分，扣完为止		
4	实训纪律	10	遵守课堂纪律，动作规范，无事故发生		
5	团队协作能力	10	服从安排，吃苦耐劳，配合其他人员工作，文明作业		

小组其他成员评价得分：_____、_____、_____、_____、_____

实训总结与反思：

能 力 训 练

1. 单项选择题

（1）当经纬仪的望远镜上下转动时，竖直度盘（   ）。

A. 与望远镜一起转动　　　　　　　　　　B. 与望远镜相对转动

C. 不动　　　　　　　　　　　　　　　　D. 有时一起转动有时相对转动

（2）用回测法观测水平角，测完上半测回后，发现水准管气泡偏离 2 格多，在此情况下应（   ）。

A. 继续观测下半测回

B. 整平后观测下半测回

C. 继续观测或整平后观测下半测回

D. 整平后全部重测

（3）地面上两相交直线的水平角是（   ）的夹角。

A. 这两条直线的空间实际线

B. 这两条直线在水平面的投影线

C. 这两条直线在竖直面的投影线

D. 这两条直线在某一倾斜面的投影线

（4）当经纬仪竖轴与目标点在同一竖面时，不同高度的水平度盘读数（   ）。

A. 相等　　　　　　　　　　　　　　　　B. 不相等

C. 盘左相等，盘右不相等　　　　　　　　D. 盘右相等，盘左不相等

（5）采用盘左、盘右的水平角观测方法，可以消除（　　）误差。

A. 对中 　　　　　　　　　　　　B. 十字丝的竖丝不铅垂

C. 整平 　　　　　　　　　　　　D. 2c

2. 思考题

（1）什么叫水平角？什么叫竖直角？

（2）说明用经纬仪测量水平角、竖直角的原理。

（3）经纬仪主要由哪几部分组成？

（4）简述经纬仪的使用方法。

3. 计算题

（1）完成表 3-10 中测回法测量水平角的计算。

表 3-10　测回法记录手簿（能力训练）

测点	盘位	目标	水平度盘读数	水平角			备注
				半测回值	一测回值	各测回平均值	
			° ′ ″	° ′ ″	° ′ ″	° ′ ″	
第一测回 O	左	A	0　02　30				
		B	95　20　48				
	右	A	180　02　42				
		B	275　21　12				
第二测回 O	左	A	90　03　06				
		B	185　21　36				
	右	A	270　02　54				
		B	5　20　546				

（2）完成表 3-11 中竖直角测量的计算。

表 3-11　竖直角测量记录手簿（能力训练）

测站	目标	盘位	竖盘读数	指标差	半测回竖直角值	平均竖直角值	备注
			° ′ ″	″	° ′ ″	° ′ ″	
O	A	左	80　20　24				
		右	280　40　00				
	B	左	98　32　18				
		右	261　27　54				

（3）完成表 3-12 中方向观测法测量水平角度的计算。

表 3-12 方向观测法记录手簿（能力训练）

测站	测回数	目标	水平度盘读数		2c	平均读数	归零后方向值	各测回归零后方向平均值	略图及角值
			盘左	盘右					
			° ′ ″	° ′ ″	″	° ′ ″	° ′ ″	° ′ ″	
1	2	3	4	5	6	7	8	9	10
O	第一测回	A	0 02 30	180 02 36					
		B	60 23 36	240 23 42					
		C	225 19 06	45 19 18					
		D	290 14 42	110 14 48					
		A	0 02 36	180 02 42					
	第二测回	A	90 03 30	270 03 42					
		D	150 24 30	330 24 36					
		C	315 20 12	135 20 18					
		B	20 15 36	200 15 42					
		A	90 03 24	270 03 36					

项目四

距离测量与直线定向

项目导读

在建设工程测量中，为了确定地面点的平面位置，除了需要进行角度测量之外，还需要测量地面两点之间的距离。距离测量是指测量两点间的水平直线长度，如果测得的是倾斜距离，还必须改算为水平距离。测量距离是测量的基本工作之一。按照所用仪器、工具的不同，测量距离的方法有钢尺直接量距、光电测距仪测距和光学视距法测距等。另外，要确定地面点间的相对位置关系，还需要确定直线的方向，称为直线定向。本项目将详细介绍距离测量的方法以及直线定向的知识。

知识目标

1. 了解钢尺量距的概念及方法。
2. 熟悉视距测量的原理。
3. 掌握直线方向的表示方法。
4. 熟悉坐标正算与反算。

能力目标

1. 能进行钢尺量距。
2. 能独立进行坐标方位角的推算。
3. 能熟练进行坐标的正算与反算。

任务一 钢尺量距

任务背景

钢尺量距是指利用具有标准长度的钢尺直接测量地面两点间的距离，又称为距离丈量。那么，如何进行两点间的距离测量？需要使用哪些测量仪器和工具？

任务描述

用经纬仪测量线段的水平距离。

知识链接

一、钢尺量距的工具

1. 钢尺

钢尺是钢制的带尺，常用钢尺宽 10mm，厚 0.2mm；长度有 20m、30m 及 50m 几种，卷放在圆形盒内或金属架上。钢尺的基本分划为厘米，在每米及每分米处有数字注记。一般钢尺在起点处一分米内刻有毫米分划；有的钢尺，整个尺长内都刻有毫米分划。

根据零点位置不同，尺有端点尺和刻线尺的区别，如图 4-1 所示。端点尺是以尺的最外端作为尺的零点，当从建筑物墙边开始丈量时使用很方便。刻线尺是以尺前端的一刻线作为尺的零点。

2. 辅助工具

丈量距离的辅助工具有标杆、测钎和垂球等，如图 4-2 所示。标杆又称花杆，用于标定直线。标杆长 2~3m，直径 3~4cm，杆上涂以 20cm 间隔的红、白漆，以便远处清晰可见。测钎用粗铁丝制成，用来标志所量尺段的起、迄点和计算已量过的整尺段数。测钎一组为 6 根或 11 根。垂球用来投点。此外，还有弹簧秤和温度计，以控制拉力和测定温度。

直线定线

二、直线定线

当两个地面点之间的距离较长或地势起伏较大时，为使量距工作方便，可分成几段进行丈量。这种把多根标杆标定在已知直线上的工作称为直线定线。按精度要求的不同，直线定线有目估定线和经纬仪定线两种方法。

1. 目估定线

目估定线精度较低，但能满足一般量距的精度要求。如图 4-3 所示，欲在通视良好的 A、B 两点间定出 1、2 两点。可由两人进行，先在 A、B 两点竖立标杆，甲立于 A 点标杆后，乙持另一标杆沿 BA 方向走到离 B 点约一尺段长的 1 点附近，甲用手势指挥乙沿与 AB 垂直的方向移动标杆，直到标杆移到位于 AB 直线上为止，然后在 1 点处插上标杆或测钎，定出 1 点。乙再带着标杆走到 2 点附近，利用同样方法定出 2 点，插上标杆或测钎。

a) 端点尺

b) 刻线尺

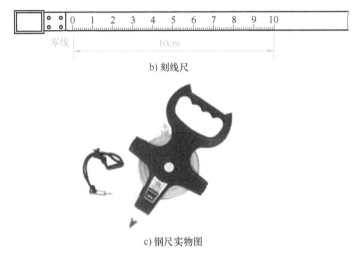

c) 钢尺实物图

图 4-1　钢尺

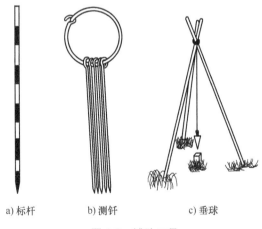

a) 标杆　　　　b) 测钎　　　　c) 垂球

图 4-2　辅助工具

图 4-3　目估定线

2. 经纬仪定线

精密量距必须用经纬仪定线。如图 4-4 所示，在 A 点安置经纬仪，对中、整平后照准 B 点，制动照准部，使望远镜向下俯视，用手势指挥另一人移动标杆。当标杆与十字丝纵丝重合时，在标杆的位置插入测钎，准确定出 5 点的位置。依此类推，定出 4 点、3 点……

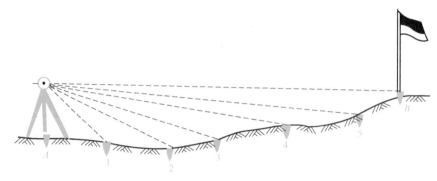

图 4-4　经纬仪定线

三、钢尺量距的一般方法

1. 平坦地面量距

一般方法量距至少由两人进行，通常是边定线边量距。如图 4-5 所示，从点 A 至点 B 依次量出 n 个整尺段长度 L，再量到 B 点，量出不足整尺段的长度 q，则 AB 之间的水平距离 D 可按式（4-1）进行计算。

$$D = nL + q \tag{4-1}$$

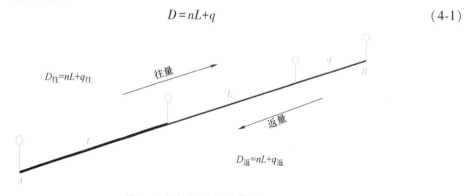

图 4-5　平坦地面钢尺量距

为防止测错和提高精度，一般要往、返各量一次，返测时要重新定线和测量。钢尺量距的精度常用相对误差 K 来描述。

$$K = \frac{|D_{往} - D_{返}|}{D_{平均}} = \frac{1}{\dfrac{D_{平均}}{|D_{往} - D_{返}|}} \tag{4-2}$$

在平坦地区，钢尺量距的相对误差不应大于 1/3000；在量距困难地区，相对误差不应大于 1/1000。如果满足要求，则取往测和返测的平均值作为该两点间的水平距离。

$$D_{平均} = \frac{1}{2}(D_{往} + D_{返}) \tag{4-3}$$

2. 倾斜地面量距

倾斜地面的距离测量可采用平量法或斜量法。

（1）平量法

如图4-6所示，当地势不平坦但起伏不大时，为了直接量取 A、B 两点间的水平距离，可目估拉钢尺水平，由高处往低处丈量，则 AB 之间的水平距离 D 仍可按式（4-1）进行计算。

用同样的方法对该段进行两次丈量，若符合精度要求，则取其平均值作为最后结果。

（2）斜量法

如图4-7所示，当地面倾斜坡度较大时，可用钢尺量出 AB 的斜距 L，然后用水准测量或其他方法测出 A、B 两点的高差 h，再计算平距 D。

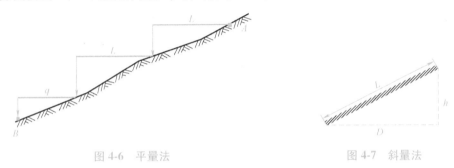

图 4-6　平量法　　　　　　　　　　　　　图 4-7　斜量法

则

$$D = \sqrt{L^2 - h^2} \tag{4-4}$$

斜量法也需测量两次，符合精度要求时，取平均值作为最后结果。

四、钢尺量距的精密方法

钢尺量距的一般方法精度不高，相对误差一般只能达到 1/5000～1/2000。但在实际测量工作中，有时量距精度要求较高，例如 1/10000 以上，这时应采用钢尺量距的精密方法。

1. 钢尺检定

钢尺由于材料原因、刻划误差、长期使用的变形以及丈量时温度和拉力不同的影响，其实际长度往往不等于尺上所标注的长度（即名义长度），因此，量距前应对钢尺进行检定。

（1）尺长方程式

经过检定的钢尺，其长度可用尺长方程式表示，即

$$l_t = l_0 + \Delta l + \alpha(t - t_0) l_0 \tag{4-5}$$

式中，l_t 为钢尺在温度 t 时的实际长度（m）；l_0 为钢尺的名义长度（m）；Δl 为尺长改正数，即钢尺在温度 t_0 时的改正数（m）；α 为钢尺的膨胀系数，一般取 $\alpha = 1.25 \times 10^{-5}\,\mathrm{m/^\circ\!C}$；$t_0$ 为钢尺检定时的温度（℃）；t 为钢尺使用时的温度（℃）。

式（4-5）所表示的含义是：钢尺在施加标准拉力下，其实际长度等于名义长度与尺长改正数和温度改正数之和。

（2）钢尺的检定方法

钢尺的检定方法有两种：一种是与标准尺比较；另一种是在测定精确长度的基线场进行

比较。下面介绍与标准尺比较的方法。

可将被检定钢尺与已有尺长方程式的标准钢尺相比较。两根钢尺并排放在平坦地面上，都施加标准拉力，并将两根钢尺的末端刻划对齐，在零分划附近读出两尺的差数。这样就能够根据标准尺的尺长方程式计算出被检定钢尺的尺长方程式。这里认为两根钢尺的膨胀系数相同。检定宜选在阴天或背阴的地方进行，使气温与钢尺温度基本一致。

2. 钢尺量距操作流程

（1）准备工作

准备工作包括清理场地、直线定线和测桩顶间高差。

1）清理场地。在要丈量的两点方向线上，清除影响丈量的障碍物，必要时可适当平整场地，使钢尺在每一尺段中不致因地面障碍物而产生挠曲。

2）直线定线。精密量距用经纬仪定线。如图4-8所示，安置经纬仪于A点，照准B点，固定照准部，沿AB方向用钢尺进行概量，按稍短于一尺段长的位置，由经纬仪指挥打下木桩。桩顶高出地面10~20cm，并在桩顶钉一小钉，使小钉在AB直线上；或在木桩顶上划十字线，使十字线其中的一条在AB直线上，小钉或十字线交点即为丈量时的标志。

图4-8 精密量距

3）测桩顶间高差。利用水准仪，用双面尺法或往、返测法测出各相邻桩顶间高差。所测相邻桩顶间高差之差，一般不超过±10mm，在限差内取其平均值作为相邻桩顶间的高差，以便将沿桩顶丈量的倾斜距离改算成水平距离。

（2）丈量方法

人员组成：两人拉尺，两人读数，一人测温度兼记录，共5人。丈量时，后尺手挂弹簧秤于钢尺的零端，前尺手执尺子的末端，两人同时拉紧钢尺，把钢尺有刻划的一侧贴切于木桩顶十字线的交点。达到标准拉力时，由后尺手发出"预备"口令，两人拉稳尺子，由前尺手喊"好"。在此瞬间，前、后读尺员同时读取读数，估读至0.5mm，记录员依次记入表4-1中，并计算尺段长度。

表4-1 精密量距记录表

钢尺号码：No：12			钢尺膨胀系数：$125×10^{-5}$			钢尺检定时温度 t_0：20℃			
钢尺名义长度 l_0：30m			钢尺检定长度 l'：30.005m			钢尺检定时拉力：100N			

尺段编号	实测次数	前尺读数/m	后尺读数/m	尺段长度/m	温度/℃	高差/m	温度改正数/mm	倾斜改正数/mm	尺长改正数/mm	改正后尺段长/m
$A\sim1$	1	29.4350	0.0410	29.3940	+25.5	+0.36	+1.9	-2.2	+4.9	29.3976
	2	29.4510	0.0580	29.3930						
	3	29.4025	0.0105	29.3920						

前、后移动钢尺一段距离，利用同样方法再次丈量。每一尺段测三次，读三组读数，由三组读数算得的长度之差要求不超过 2mm，否则应重测。如在限差之内，则取三次结果的平均值，作为该尺段的观测结果。每一尺段测量应记录温度一次，估读至 0.5℃。如此继续丈量至终点，即完成往测工作。

完成往测后，应立即进行返测。

（3）成果计算

将每一尺段丈量结果经过尺长改正、温度改正和倾斜改正改算成水平距离，并求总和，得到直线往测、返测的全长。往、返测较差符合精度要求后，取往、返测结果的平均值作为最后成果。其中，一尺段长度计算如下。

尺长改正：

$$\Delta l_d = \frac{\Delta l}{l_0} l \tag{4-6}$$

温度改正：

$$\Delta l_t = \alpha(t - t_0) l \tag{4-7}$$

倾斜改正：

$$\Delta l_h = -\frac{h^2}{2l} \tag{4-8}$$

尺段改正后的水平距离：

$$D = l + \Delta l_d + \Delta l_t + \Delta l_h \tag{4-9}$$

式中，Δl_d 为尺段的尺长改正数（mm）；Δl_t 为尺段的温度改正数（mm）；Δl_h 为尺段的倾斜改正数（mm）；h 为尺段两端点的高差（m）；l 为尺段的观测结果（m）；D 为尺段改正后的水平距离（m）。

五、钢尺量距的误差及注意事项

1. 尺长误差

钢尺的名义长度和实际长度不符，产生尺长误差。尺长误差是积累性的，它与所量距离成正比。

2. 定线误差

丈量时钢尺偏离定线方向，将使测线成为一折线，导致丈量结果偏大，这种误差称为定线误差。

3. 拉力误差

钢尺有弹性，受拉会伸长。钢尺在丈量时所受拉力应与检定时拉力相同。如果拉力变化 ±2.6kg，尺长将改变 ±1mm。一般量距时，只要保持拉力均匀即可。精密量距时，必须使用弹簧秤。

4. 钢尺垂曲误差

钢尺悬空丈量时中间下垂，称为垂曲，由此产生的误差为钢尺垂曲误差。垂曲误差会使量得的长度大于实际长度，故在钢尺检定时，亦可按悬空情况检定，得出相应的尺长方程式。在成果整理时，按此尺长方程式进行尺长改正。

5. 钢尺不水平的误差

用平量法丈量时，钢尺不水平，会使所量距离增大。对于 30m 的钢尺，如果目估尺子水平误差为 0.5m（倾角约 1°），由此产生的量距误差为 4mm。因此，用平量法丈量时应尽可能使钢尺水平。精密量距时，测出尺段两端点的高差，进行倾斜改正，可消除钢尺不水平的影响。

6. 丈量误差

钢尺端点对不准、测钎插不准、尺子读数不准等引起的误差都属于丈量误差。这种误差对丈量结果的影响可正可负，大小不定。在量距时应尽量认真操作，以减小丈量误差。

7. 温度改正

钢尺的长度随温度变化，丈量时温度与检定钢尺时温度不一致，或测定的空气温度与钢尺温度相差较大，都会产生温度误差。所以，精度要求较高的丈量，应进行温度改正，并尽可能用点温计测定尺温，或尽可能在阴天进行，以减小空气温度与钢尺温度的差值。

 **任务实施**

一、任务组织

1）建议 4~6 人为一组，明确职责和任务，组长负责协调组内测量分工。

2）实训设备：钢尺 1 个、标杆 2 个、经纬仪 1 台、三脚架 1 个、塔尺 1 个、测钎 3 个、测伞 1 把、记录板 1 块、实训记录表（按需领取）、铅笔、橡皮等。

二、实施过程

在地面确定两个固定点，用钢尺一般量距方法测量地面两个固定点间的距离，每人验证钢尺量距结果，记入实训记录表中。

（一）直线定线

用目估定线或经纬仪定线方法，定出丈量方向线。本实训以经纬仪定线进行测量。

（二）钢尺量距一般方法

平坦地面的丈量工作，需由 A 至 B 沿地面逐个标出整尺段位置，丈量 B 端不足整尺段的余长，完成往测，将测量数据填入表 4-2 中。

为了检核和提高测量精度，还应由 B 点按同样的方法量至 A 点，称为返测，并将测量数据填入表 4-2。将往、返丈量距离之差的绝对值 $|\Delta D|$ 与往、返测距平均值 D 平均之比，以分子是 1 的形式表示，即相对误差来衡量测距的精度。若精度符合要求，则取往返测量的平均值作为 A、B 两点的水平距离；若不符合则重新测量，直至符合为止。

（三）钢尺量距斜量法

倾斜地面的坡度比较均匀或坡度较大时，需要采用斜量法。可以沿倾斜地面丈量出 A、B 两点的斜距 L，用经纬仪测出直线 AB 的倾斜角 α，或测量出 A、B 两点的高差 h，将测量数据填入表 4-2，然后计算 AB 的水平距离 D。

三、实训记录（表 4-2）

表 4-2　钢尺量距记录表

线段	观测次数	整尺段/m	零尺段/m	斜距/m	相对误差	斜距平均值/m	倾斜角 α/（°　′　″）	高差 h/m	水平距离 D/m
AB	往测								
	返测								

任务评价

本次任务的任务评价见表 4-3。

表 4-3　钢尺量距任务评价

实训项目						
小组编号		学生姓名				
序号	考核项目	分值	实训要求		自我评定	教师评价
1	任务完成情况	30	掌握经纬仪的使用方法；能正确进行钢尺的读数			
2	实训记录	30	规范、完整记录所读数据，无转抄、涂改等，计算准确			
3	测量精度	15	结果符合限差要求			
4	实训纪律	10	遵守课堂纪律，动作规范，无事故发生			
5	团队协作能力	15	服从安排，吃苦耐劳，配合其他人员工作，文明作业			

小组其他成员评价得分：＿＿＿＿＿、＿＿＿＿＿、＿＿＿＿＿、＿＿＿＿＿

实训总结与反思：

任务二　视距测量

任务背景

水准测量可以进行高程测量，在实际工作中，当对测量精度要求不高、地形起伏较大时，为了快速获取两点间的水平距离和高差，可以运用视距测量。那么，视距测量的原理是什么？又是如何进行的呢？

 任务描述

学习视距测量的原理和注意事项。

知识链接

视距测量是根据几何光学原理，利用仪器望远镜筒内的视距丝在标尺上截取读数，应用三角公式计算两点距离，可同时测定地面上两点间水平距离和高差的测量方法。视距测量的优点是操作方便、观测快捷，一般不受地形影响。其缺点是测量视距和高差的精度较低，测距相对误差约为 1/300~1/200。尽管视距测量的精度较低，但还是能满足测量地形图碎部点的要求，所以在测绘地形图时，常采用视距测量的方法测量距离和高差。

一、视线水平时的视距测量原理

如图 4-9 所示，测地面 A、B 两点的水平距离和高差。在 A 点安置仪器，在 B 点竖立视距尺，当望远镜视线水平时，水平视线与标尺垂直，中丝读数为 v，上、下视距丝在视距尺上 M、N 的位置读数之差称为视距间隔，用 l 表示。

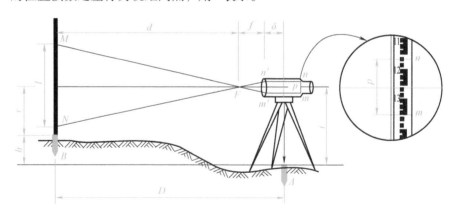

图 4-9 视线水平时的视距测量原理

1. 水平距离计算公式

设仪器中心到物镜中心的距离为 δ，物镜焦距为 f，物镜焦点 F 到 B 点的距离为 d。由图 4-9 可知，两点间的水平距离为 $D=d+f+\delta$，根据图中相似三角形成比例的关系得出，两点间水平距离为

$$D = \frac{f}{p} \times l + f + \delta \tag{4-10}$$

式中，$\dfrac{f}{p}$ 为视距乘常数，用 K 表示，其值在设计中为 100；$f+\delta$ 为视距加常数，用 C 表示。

内对光望远镜 C 约为 0，则视线水平时水平距离公式为

$$D = Kl \tag{4-11}$$

2. 高差计算公式

由图 4-9 可以看出，当仪器高度为 i，望远镜中丝在视距尺上的读数为 v 时，A、B 两点之间的高差为

$$h = i - v \qquad (4\text{-}12)$$

二、视线倾斜时的视距测量原理

如图 4-10 所示，将经纬仪安置在 A 点，视距尺竖立于 B 点，望远镜倾斜瞄准视距尺，两视距丝截尺于 M、N 点，并测得竖直角为 α。

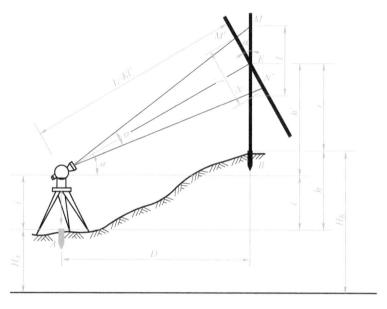

图 4-10　视线倾斜时的视距测量原理

根据几何关系可以推导出，A、B 两点间的水平距离 D 和高差分别为

$$D = Kl\cos^2\alpha \qquad (4\text{-}13)$$

$$h = \frac{1}{2}Kl\sin 2\alpha + i - v \qquad (4\text{-}14)$$

三、视距测量注意事项

视距测量的精度较低，在较好的条件下，测距测量所测平距的相对误差约为 $1/300 \sim 1/200$。视距测量时应注意以下几个方面。

1）为减少垂直折光的影响，观测时应尽可能使视线离地面 1m 以上。

2）作业时，要将视距尺竖直，并尽量采用带有水准器的视距尺。

3）要严格测定视距常数 K，K 值应在 100 ± 0.1 之内，否则应加以改正。

4）视距尺一般应是厘米刻划的整体尺。如果使用塔尺，应注意检查各节尺的接头是否准确。

5）要在成像稳定的情况下进行观测。

<h1 style="text-align:center">任务三 直线定向</h1>

任务背景

在日常生活中，我们常常以太阳东升西落、北斗星等来确定方位；在测量坐标系中，用 x 轴正向与直线之间的夹角来表达该直线的方向。通常将确定一条直线与标准方向之间夹角关系的过程称为直线定向。那么，标准方向有哪些？在测量坐标系中，怎么去确定直线的方向？

任务描述

学习标准方向的基本知识，以及确定直线方向的方法，学会进行坐标计算。

知识链接

一、标准方向的种类

测量工作中通常采用的标准方向有真子午线方向、磁子午线方向和坐标纵轴方向三种。

1. 真子午线方向

地球表面某点与地球旋转轴所构成的平面与地球表面的交线称为该点的真子午线，真子午线在该点的切线方向称为该点的真子午线方向。

2. 磁子午线方向

地球表面某点与地球磁场南北极连线所构成的平面与地球表面的交线称为该点的磁子午线，磁子午线在该点的切线方向称为该点的磁子午线方向。磁子午线方向一般是磁针在该点自由静止时所指的方向。

3. 坐标纵轴方向

由于地球上各点的子午线互相不平行，而是向两极收敛，因此为测量、计算工作的方便，常以平面直角坐标系的纵坐标轴为标准方向，即以高斯投影带中的中央子午线方向为标准方向。在工程中常将坐标纵轴方向设为标准方向，即指北方向。

二、标准方向的相互关系

地磁南、北极偏离地球南、北极，所以一点的磁子午线方向和真子午线方向并不一致，存在一个偏离角度，这个角度称为磁偏角，用 δ 来表示。凡是磁子午线北方向偏在真子午线北方向以东者称为东偏，其角值为正；偏在真子午线北方向以西者称为西偏，其角值为负，如图 4-11 所示。我国西北地区磁偏角在 $+6°$ 左右，东北地区磁偏角为 $-10°$ 左右。地球表面某点的真子午线方向与坐标纵轴方向之间的夹角，称为子午线收敛角，用 γ 表示。

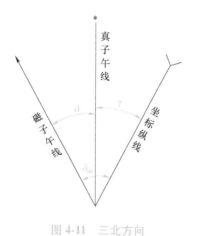

图 4-11　三北方向

三、直线方向的表示方法

直线方向有方位角及象限角两种表达方式。

（一）方位角

从标准方向北端起，顺时针方向量到某直线的夹角，称为该直线的方位角。因标准方向有三种，故对应的方位角也有三种。以真子午线为标准方向的方位角称为真方位角，通常用 A 表示；以磁子午线为标准方向的方位角称为磁方位角，通常用 A_m 表示；以坐标纵线为标准方向的方位角称为坐标方位角，通常用 α 来表示。如无特别说明，本书后文中提到的方位角均指坐标方位角，角值范围 $0 \sim 360°$。

坐标方位角

1. 正、反方位角

一条直线有正、反两个方向，通常以直线前进的方向为正方向。由图 4-12 可以看出，一条直线正、反方位角的数值相差 180°，即

$$\alpha_{AB} = \alpha_{BA} \pm 180° \qquad (4\text{-}15)$$

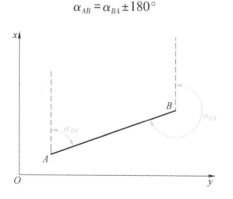

图 4-12　正、反方位角

2. 方位角的推算

为了整个测区坐标系统的统一，测量工作中并不直接测定每条边的方位，而是通过与已知点（其坐标为已知）的连测，来推算出各边的坐标方位角。如图 4-13 所示，已知直线 12 的坐标方位角 α_{12}，观测了水平角度 β_2 和 β_3，要求推算直线 23 和 34 的坐标方位角。

由图 4-13 可以看出：

$$\alpha_{23} = \alpha_{21} - \beta_2 = \alpha_{12} + 180° - \beta_2 \tag{4-16}$$

$$\alpha_{34} = \alpha_{32} + \beta_3 - 360° = \alpha_{23} + 180° + \beta_3 \tag{4-17}$$

β_2 在推算路线前进方向的右侧，该转折角称为右角；β_3 在推算路线前进方向的左侧，该转折角称为左角。推算方位角的一般公式为

$$\alpha_{前} = \alpha_{后} + 180° \pm \beta_{右}^{左} \tag{4-18}$$

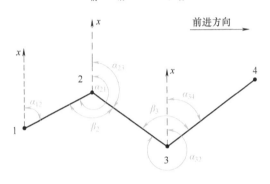

图 4-13　方位角的推算

计算中，如果 $\alpha_{前} > 360°$，则自动减去 360°；如果 $\alpha_{前} < 0°$，则自动加上 360°。

象限角

（二）象限角

象限角就是由标准方向的北端或南端起量至某直线所夹的锐角，常用 R 表示，角值范围 0°～90°。测量上有时用象限角来确定直线的方向。表示象限角时必须注意加上方向，如常用北偏东或西、南偏东或西表示。如图 4-14 所示，若 $R_{OA} = 60°$，则称 OA 直线的象限角为北偏东 60°。

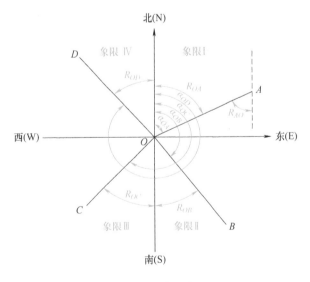

图 4-14　象限角

坐标方位角和象限角均是表示直线方向的方法，它们之间既有区别又有联系。在实际测量中经常用到它们之间的互换，由图 4-14 可以推算出它们之间的互换关系，见表 4-4。

表 4-4　象限角与方位角的关系

直线方向	象限角与方位角关系
第 I 象限	$R_{OA}=\alpha_{OA}$
第 II 象限	$R_{OB}=180°-\alpha_{OB}$
第 III 象限	$R_{OC}=\alpha_{OC}-180°$
第 IV 象限	$R_{OD}=360°-\alpha_{OD}$

四、坐标计算

1. 坐标正算

根据已知点坐标、已知边长和坐标方位角，计算未知点坐标，该过程称为坐标正算。

如图 4-15 所示，设 A 点的已知坐标为 (x_A,y_A)，又知 A 至 B 点的边长为 D_{AB}，坐标方位角为 α_{AB}。求 B 点坐标 (x_B,y_B)。

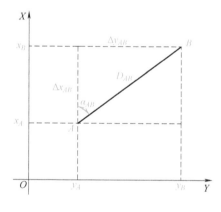

图 4-15　坐标计算

设 A 至 B 点的纵坐标增量和横坐标增量分别为 Δx_{AB} 和 Δy_{AB}，由图 4-15 所示的关系可知，Δx_{AB} 和 Δy_{AB} 的计算公式分别为

$$\Delta x_{AB}=D_{AB}\cos\alpha_{AB} \tag{4-19}$$

$$\Delta y_{AB}=D_{AB}\sin\alpha_{AB} \tag{4-20}$$

则 B 点坐标的计算公式为

$$x_B=x_A+\Delta x_{AB} \tag{4-21}$$

$$y_B=y_A+\Delta y_{AB} \tag{4-22}$$

在计算时，坐标增量 Δx_{AB} 和 Δy_{AB} 有正有负。由于边长 D_{AB} 是正值，则 Δx_{AB} 和 Δy_{AB} 的正负号取决于坐标方位角 α_{AB} 的象限。

2. 坐标反算

根据两个已知的平面直角坐标计算两点间水平距离和坐标方位角，该过程称为坐标反算。

图 4-15 中，已知 A 点的坐标为 (x_A,y_A)，B 点的坐标为 (x_B,y_B)，求 A 至 B 点的边长 D_{AB} 和坐标方位角 α_{AB}。

计算顺序与上述的坐标正算相反，先根据两点坐标值计算坐标增量 Δx_{AB} 和 Δy_{AB}：

$$\Delta x_{AB} = x_B - x_A \tag{4-23}$$

$$\Delta y_{AB} = y_B - y_A \tag{4-24}$$

再计算边长 D_{AB} 和方位角 α_{AB}：

$$D_{AB} = \sqrt{\Delta x_{AB}^2 + \Delta y_{AB}^2} \tag{4-25}$$

$$\alpha_{AB} = \arctan \frac{\Delta y_{AB}}{\Delta x_{AB}} \tag{4-26}$$

计算方位角时，显示的结果是象限角（R），即

$$R_{AB} = \arctan \left| \frac{\Delta y_{AB}}{\Delta x_{AB}} \right| \tag{4-27}$$

如图 4-16 所示，象限角 R 是直线与北方向或南方向的夹角，R 值在 $0°\sim90°$ 之间，而坐标方位角在 $0°\sim360°$ 之间取值。因此应根据坐标增量的正负来判断此直线方向处在哪个象限，再按照表 4-5 将象限角换算为方位角。

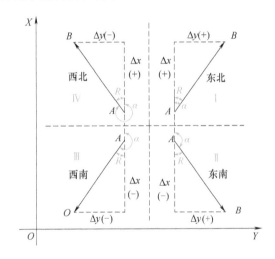

图 4-16　坐标增量与象限的关系

能 力 训 练

1. 单项选择题

（1）某直线的反坐标方位角为 $158°$，则其象限角应为（　　　）。

A. NW22° 　　　　B. SE22° 　　　　C. NW68° 　　　　D. SE68°

（2）同一条直线，其正反坐标方位角相差（　　　）。

A. 0° 　　　　B. 90° 　　　　C. 180° 　　　　D. 270°

（3）对第 Ⅱ 象限直线，象限角 R 与方位角 α 的关系为（　　　）。

A. $R = 180° - \alpha$ 　　　　　　　　　B. $R = \alpha$

C. $R = \alpha - 180°$ 　　　　　　　　D. $R = 360° - \alpha$

（4）直线的坐标方位角是按（　　　）方式量取的。

A. 坐标纵轴北端起逆时针　　　　　　B. 坐标横轴东端起逆时针

C. 坐标纵轴北端起顺时针　　　　　　D. 坐标横轴东端起顺时针

（5）确定直线与标准方向之间的夹角关系的工作称为（　　）。

A. 定位测量　　　B. 直线定向　　　C. 象限角测量　　　D. 直线定线

（6）某直线 AB 的坐标方位角为 230°，则其坐标增量的符号为（　　）。

A. Δx 为正，Δy 为正　　　　　　B. Δx 为正，Δy 为负

C. Δx 为负，Δy 为正　　　　　　D. Δx 为负，Δy 为负

（7）坐标方位角的角值范围为（　　）。

A. 0°~270°　　　B. −90°~90°　　　C. 0°~360°　　　D. −180°~180°

（8）为方便钢尺量距工作，有时要将直线分成几段进行丈量，这种把多根标杆标定在直线上的工作称为（　　）。

A. 定向　　　　　B. 定线　　　　　C. 定段　　　　　D. 定标

（9）往返丈量一段距离，平均值等于 184.480m，往返距离之差为 ±0.04m，则其精度为（　　）。

A. 0.00022　　　B. 4/18448　　　C. 22×10.4　　　D. 1/4612

（10）望远镜视线水平时，读的视距间隔为 0.675m，则仪器至目标的水平距离为（　　）。

A. 0.675m　　　B. 6.75m　　　C. 67.5m　　　D. 675m

2. 思考与计算题

（1）什么是水平距离？什么是直线定线？

（2）为什么要进行直线定线？直线定线的方法有哪几种？如何进行？

（3）钢尺量距的误差主要有哪几种？为减少误差的影响，应采取哪些措施？

（4）丈量 A、B 两点间的水平距离，用 30m 长的钢尺，丈量结果为往测 3 尺段，余长为 17.180m，返测 3 尺段，余长为 17.210m，试计算相对误差及水平距离。

（5）已知各直线的坐标方位角分别为 257°23′、158°38′、26°48′、337°18′，试分别求出它们的象限角和反坐标方位角。

（6）已知某直线的象限角为 NW63°12′，求它的坐标方位角。

（7）如图 4-17 所示，已知 $\alpha_{12}=46°$，β_2、β_3 及 β_4 的角值均注于图上，试求其余各边的坐标方位角。

图 4-17　坐标方位角推算

项目五

全站仪与 GNSS 技术

项目导读

随着社会经济和科学技术不断发展，测绘技术水平也迅速提高。测绘作业手段有了质的飞越，测绘仪器设备由光学经纬仪逐渐过渡到半站仪，接着又推出了全站仪，然后发展到静（动）态 GPS。随着仪器设备的不断创新，测绘野外作业的劳动强度也就逐渐减轻，工作效率不断提高。本项目将详细介绍全站仪的架设及使用、全站仪的基本测量功能、GNSS 技术及基本测量等。

知识目标

1. 熟悉全站仪各部件及其功能。
2. 了解 GNSS 的概念，熟悉 GPS 的组成。

能力目标

1. 能熟练操作全站仪。
2. 能使用全站仪进行角度测量、距离测量和坐标测量。

任务一 认识与使用全站仪

任务背景

全站仪具有快速、高效、准确、轻便等特点，在工程测量中具有明显的优势，目前广泛应用于各种工程建设中。全站仪能同时进行水平角测量、距离测量、高差测量，并且有自动化数据采集程序和强大的内存管理功能，能够自动计算坐标并保存测量数据。随着经济社会的不断发展及技术水平的不断创新，目前全站仪的使用已成为工程测量工作人员必备的技能。

本次任务选取 NTS-332R 系列全站仪。那么，如何使用和操作全站仪？如何运用全站仪进行角度测量、距离测量等工作？

任务描述

以南方 NTS-332R 系列全站仪为例，学会安置全站仪，并使用全站仪进行测量。

知识链接

一、全站仪的概念

全站仪，即全站型电子测距仪，是由电子测角、电子测距、电子计算和数据存储单元等组成三维坐标测量系统，测量结果能自动显示，并能与外围设备交换信息的多功能测量仪器。由于全站型电子测距仪较完善地实现了测量和处理过程的电子化和一体化，因此称为全站型电子速测仪或全站仪。

全站仪概述

二、全站仪的结构及功能

1. 全站仪的结构

全站仪由电源部分、测角系统、测距系统、数据处理部分、通信接口、显示屏、键盘等组成。

同电子经纬仪、光学经纬仪相比，全站仪增加了许多特殊部件，因此具有比其他测角、测距仪器更多的功能，使用也更方便。全站仪具有角度测量、距离（斜距、平距、高差）测量、三维坐标测量、导线测量、交会定点测量和放样测量等多种用途。NTS-332R 系列全站仪基本构造如图 5-1 所示。

NTS-332R 系列全站仪的测角精度为 2″，测角度盘为绝对编码技术，即使中途重置电源，角度信息也不会丢失。测距精度为 $\pm(2\text{mm}+2\times10^{-6}D)$，使用棱镜组的最大测程为 5km。

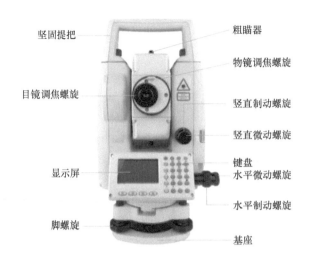

图 5-1　全站仪的基本构造

2. 全站仪的功能

NTS-332R 系列全站仪采用激光测距、绝对编码及双轴补偿等新技术，极大降低了故障率，提高了测量作业效率。相关零件得到了重新设计和改进，防水防潮、防尘等问题得到了解决。测距电路由原来两块电路板改为一块电路板，可靠性提高，易于维修。

NTS-332R 系列全站仪在测量水平角、垂直角和水平距离的基础上，配合内置计算软件还能进行高程测量、坐标测量、坐标放样，以及对边测量、悬高测量、偏心测量、面积测量等，此外还预装了一些其他测量程序，为控制测量、地形测量、道路测量和工程放样等提供方便。

测量数据可存储到仪器的内存中，还可以插入 SD 卡存储，存储可扩展。所存数据能进行编辑、查阅和删除等操作，能方便地与计算机相互传输数据。

3. 全站仪的键盘及显示符号含义

NTS-332R 系列全站仪的显示屏、键盘如图 5-2 所示，部分按键含义见表 5-1。

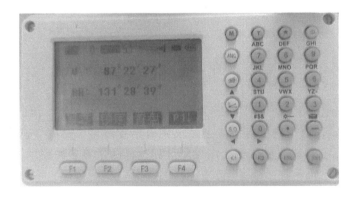

图 5-2　全站仪的键盘与显示屏

表 5-1　NTS-332R 系列全站仪键盘功能

按键	键名	功能
 电源键图标	电源键	电源开关
★	星键	快捷设置
ANG	角度测量键	进入角度测量模式
距离测量键图标	距离测量键	进入距离测量模式
坐标测量键图标	坐标测量键	进入坐标测量模式
S.O	放样测量键	进入放样测量模式
M	菜单键	在菜单模式与其他模式之间切换；在菜单模式下可设置多种测量应用程序，比如数据采集、悬高测量、对边测量等
ESC	退出键	返回测量模式，或上一层菜单
ENT	确认键	确认输入数据或确认测量模式
F1 ~ F4	功能键	对应于屏幕下方相关位置显示的功能

　　显示屏采用点阵图形式液晶显示器（LCD），可显示 4 行，测量时，第 1、2、3 行显示测量数据，第 4 行显示对应量测模式中的按键功能。使用全站仪时，屏幕上的部分显示符号及其含义见表 5-2。

表 5-2　NTS-332R 系列全站仪屏幕上的显示符号及其含义

显示符号	含义	显示符号	含义
V	竖直角	N	N 坐标（x 坐标）
HR	右水平角	E	E 坐标（y 坐标）
HL	左水平角	Z	Z 坐标（H 坐标）
HD	水平距离	m	单位：米
VD	垂直距离	ft	单位：英尺
SD	斜距		

三、反射棱镜

　　通常情况下，全站仪在进行距离测量、高差测量和坐标测量等作业时，必须在目标处放置反射棱镜。反射棱镜有单棱镜和三棱镜组两种，可直接使用或通过基座链接螺旋安置到三脚架上。图 5-3 所示为常见的单棱镜和三棱镜组。

a) 单棱镜　　　　　　　　b) 三棱镜组

图 5-3　单棱镜及三棱镜组

任务实施

一、任务组织

1）建议 4~6 人为一组，明确职责和任务，组长负责协调组内测量分工。

2）实训设备：全站仪 1 台、三脚架 1 副、棱镜 2 个、棱镜对中杆两个、记录板 1 块、实训记录表（按需领取）、铅笔、橡皮等。

二、实施过程

（一）全站仪的安置与使用

1. 安置三脚架

1）首先将三脚架打开，使三脚架的三条腿近似等距，并使顶面近似水平，拧紧三个固定螺旋。

2）使三脚架的中心与测点近似位于同一铅垂线上。

3）踏紧三脚架，使之牢固地支撑于地面上。

2. 安置仪器

将仪器小心地安置到三脚架上，松开中心连接螺旋，在架头上轻移仪器，直到锤球对准测站点标志中心，然后轻轻拧紧连接螺旋。

3. 利用圆水准器粗平仪器

1）旋转两个脚螺旋 A、B，使圆水准器气泡移到与上述两个脚螺旋中心连线相垂直的一条直线上。

2）旋转脚螺旋 C，使圆水准器气泡居中。

4. 利用管水准器精平仪器

1）松开水平制动螺旋，转动仪器使管水准器平行于某一对脚螺旋 A、B 的连线。再旋转脚螺旋 A、B，使气泡居中。

2）将仪器绕竖轴旋转 90°，再旋转另一个脚螺旋 C，使管水准器气泡居中。

3）再次旋转 90°，重复前两步，直至管水准器在任何方向气泡均居中。

（二）全站仪角度测量与距离测量

1）开机，此时进入默认的角度测量模式，用盘左瞄准左侧目标 A，按<F1>键置零和<F3>键确认。按 距离测量键，再按<F1>测量，记录显示数据 HD。

2）照准右手边目标 B，按<F1>测量，记录显示数据 HR 和 HD。

3）倒转望远镜，将其调为盘右，照准右手边目标 B，按<F1>测量，记录显示数据 HR 和 HD。

4）再次照准左手边目标 A，按<F1>测量，记录显示数据 HR 和 HD。

将上述数据依次填入表 5-3 中。

三、实训记录（表 5-3）

表 5-3　全站仪角度测量与水平距离测量

测点	盘位	目标	水平度盘读数	水平角		边名	水平距离/m	备注
				半测回值	一测回值			
			° ′ ″	° ′ ″	° ′ ″			

四、实训注意事项

1）每测站观测结束后，应立即计算校核，若有超限数据则重测该测站，合格后才能迁站。

2）记录员听到观测员读数后必须向观测员回报，经观测员确认后方可记入手簿，以防听错或记错。数据记录应字迹清晰，不得涂改。

3）要注意数据记录的规范性，严禁涂改、照抄、转抄数据。数据作废应注明原因。

4）注意测站与目标点对中的精确度。

任务评价

本次任务的任务评价见表5-4。

表 5-4　认识与使用全站仪任务评价

实训项目						
小组编号			学生姓名			
序号	考核项目	分值	实训要求		自我评定	教师评价
1	仪器安置	20	全站仪安置正确，对中、整平符合要求			
2	操作程序	20	水平角测量程序正确			
3	数据记录	10	记录规范，无转抄、涂改、抄袭等，否则每处扣2分，扣完为止			
4	测量成果	30	计算准确，精度符合要求			
5	实训纪律	10	遵守课堂纪律，动作规范，无事故发生			
6	团队协作能力	10	服从安排，吃苦耐劳，配合其他人员工作，文明作业			

小组其他成员评价得分：_____、_____、_____、_____、_____

实训总结与反思：

任务二　全站仪坐标测量

任务背景

全站仪可同时观测水平距离、水平角和垂直角，并可自动计算平面坐标 (x, y) 和高程坐标 H，在屏幕上同时显示 (x, y, H)，即可同时测定点位的三维坐标。三维坐标测量是全站仪的主要功能之一，该功能大大提高了测量工作的效率。不同品种和型号的全站仪，坐标测量的具体操作方法也有所不同，但其基本过程是一样的。

任务描述

以 NTS-332R 全站仪为例，学会使用全站仪进行坐标测量。

任务实施

一、任务组织

1）建议 4~6 人为一组，明确职责和任务，组长负责协调组内测量分工。

2）实训设备：全站仪 1 台、三脚架 1 副、棱镜 2 个、棱镜对中杆两个、记录板 1 块、实训记录表（按需领取）、铅笔、橡皮等。

二、实施过程

1）按□键进入坐标测量模式，按<F4>键进行翻页。当屏幕下方显示"测站""仪高""镜高"时，按对应功能键进入界面，分别输入测站坐标、仪器高度和后视点棱镜高度。

2）按<F4>键进行翻页。当屏幕下方显示"后视"时，按对应功能键进入界面。输入后视坐标，按<ENT>键，瞄准后视点棱镜，按<F4>键确认。

3）照准检核点，按<F4>键进行翻页。当屏幕下方显示"测量"时，按<F1>键进行测量，检验测量数据与检核点已知数据是否在精度要求范围内。

4）检核合格，分别瞄准需要测量坐标的点位，按<F1>键进行测量，并将数据记录在表 5-5 中。

三、实训记录（表 5-5）

表 5-5　全站仪坐标测量记录

测站	后视	测点	仪器高/m	棱镜高/m	竖盘位置	坐标测量			备注
						x/m	y/m	H/m	

任务评价

本次任务的任务评价见表5-6。

表5-6 全站仪坐标测量任务评价

实训项目						
小组编号		学生姓名				
序号	考核项目	分值	实训要求		自我评定	教师评价
1	仪器安置	20	全站仪安置正确，对中、整平符合要求			
2	操作程序	20	测站、后视、仪高、镜高设置正确，操作程序正确			
3	数据记录	10	记录规范，无转抄、涂改、抄袭等，否则每处扣2分，扣完为止			
4	测量成果	30	计算准确，精度符合要求			
5	实训纪律	10	遵守课堂纪律，动作规范，无事故发生			
6	团队协作能力	10	服从安排，吃苦耐劳，配合其他人员工作，文明作业			

小组其他成员评价得分：_____、_____、_____、_____、_____

实训总结与反思：

任务三 GNSS 测量

任务背景

在日常生活中，我们出门去一些陌生的地方时，为了能找到该地方，经常会用到一些导航定位的软件，这类软件运用 GNSS 进行导航定位。那么什么是 GNSS 技术？它在测量中又有哪些应用？

 **任务描述**

利用 GNSS 技术进行测量。

 **知识链接**

GNSS 概述

一、GNSS 的概念

GNSS 的全称是全球导航卫星系统（Global Navigation Satellite System），它是指具备在地球表面或近地空间的任何位置为用户提供全天候三维坐标和速度（加速度）以及时间信息的空基无线电导航定位系统。GNSS 技术的出现与发展为测绘工作提供了一种崭新的技术方案和手段，给测绘工作带来了极大便利。目前，GNSS 测量技术已经广泛应用于测量工作的各个领域，如精度要求极高的地壳运动监测、大型工程建设项目控制网测量、国家大地控制网测量、地形图测绘中的碎部点测量、普通公路工程测量等。

目前已实现全球定位的 GNSS 有美国的全球定位系统（GPS）、中国的北斗卫星导航系统（BDS）、俄罗斯的格洛纳斯系统（GLONASS）和欧盟的伽利略系统（GALILEO）四大卫星导航系统。GNSS 四大全球导航卫星系统的组成基本相同，但又各有特点，详见表 5-7。

表 5-7　四大全球导航卫星系统的基本情况

系统名称	国家和地区	始建	建成	计划数/在轨数	统计时间
GPS	美国	1958	1993	36/32	2023 年 2 月 26 日
GLONASS	俄罗斯	1993	2009	30/24	2023 年 2 月 26 日
BDS	中国	2000	2020	35/61	2023 年 3 月 1 日
GALILEO	欧盟	2002	2020	30/28	2023 年 1 月 27 日

二、GNSS 的组成

本任务以 GPS 为例说明 GNSS 的组成和定位原理。GPS 系统包括三大部分，即地面监控部分、空间部分和用户部分，如图 5-4 所示。

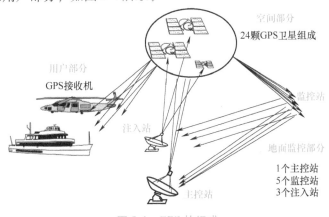

图 5-4　GPS 的组成

1. 地面监控部分

地面监控部分包括 1 个主控站、5 个监控站和 3 个注入站，分布在全球。主控站的作用是根据各监测站对 GPS 卫星的观测数据，计算出卫星的星历和卫星钟的改正参数等，并将这些数据通过注入站上传到卫星中去。同时，主控站还对卫星进行控制，向卫星发布指令，当卫星出现故障时，调度备用卫星代替失效的卫星。主控站同时具有监控站的功能。监控站的作用是接收卫星信号，监测卫星的工作状态。注入站的作用是将主控站计算出的卫星星历和卫星钟改正数等信息注入卫星中去。注入站同时具有监控站的功能。

2. 空间部分

GPS 的空间部分初期由 21 颗卫星和 3 颗在轨备用卫星组成。每颗卫星的核心部件包括高精度的时钟、导航电文存储器、双频发射和接收机以及微处理机等。24 颗卫星平均分布在 6 个倾斜角为 55° 的近似圆形轨道上，每个轨道上分布有 4 颗卫星，如图 5-5 所示。其中，每两个轨道平面之间在经度上相隔 60°，轨道平均高度为 20200km，卫星运行周期为 11 小时 58 分。在地球上任何位置的任何时刻，在高度角 15° 以上，平均可观测到 6 颗卫星，最少时为 4 颗，最多时可达 11 颗。目前，GPS 共有 32 颗在轨卫星可供用户使用。

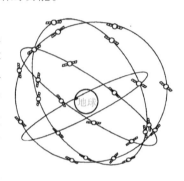

图 5-5　GPS 卫星星座

3. 用户部分

用户部分包括 GPS 接收机、数据处理软件及相应的设备（如计算机、手簿等）。GPS 接收机由天线和接收单元两部分构成，其主要功能是捕获高于卫星截止角的待测卫星，并持续跟踪接收卫星发出的信号。接收机根据接收到的卫星信号，可测量出接收天线至卫星的伪距和距离的变化率，解调出卫星轨道参数等数据。根据这些数据，接收机中的微处理器就可计算出用户所在位置的经纬度、高度，以及速度和时间等信息。GPS 接收机还能保存接收到的卫星信号，供后期更高精度解算使用。

三、GNSS 的测量模式

GNSS 在测量工作中，常用两种工作模式进行施测：GNSS 静态测量和 RTK 测量。

1. GNSS 静态测量

GNSS 静态测量属于载波相位静态相对定位测量，主要用于建立各种高等级控制网，如 2000 国家 GPS 大地控制网、长距离基线检校、岛屿与大陆联测、精密工程控制网等。

GNSS 静态测量外业观测时，采用 2 台或 2 台以上接收机在不同的测站上进行同步观测，利用同步观测获得的数据，可解算出测站点之间的基线向量（相对位置）。通过设计合理的观测顺序，可以使基线向量构成闭合网形，且整个网内控制点连通。经过平差计算，可求得待定点的三维坐标。同步观测时间从几分钟至几十个小时，甚至更长时间，精度要求越高观测时间越长。

2. RTK 测量

实时动态测量（Real-Time Kinematic，RTK）是全球卫星导航定位技术与数据通信技术相结合的载波相位实时动态差分定位技术，它能够实时提供测站点在指定坐标系中厘米级的三维定位结果。

RTK 测量工作过程：基准站实时将接收到的载波相位观测值、伪距观测值以及基准站坐标等信息通过无线电数据链发送出来。移动站通过无线电接收设备接收到基准站所发射的信息，并将载波相位观测值、伪距观测值实时进行差分处理，得到基准站和移动站之间的基线向量，然后与基准站坐标相加，得到每个移动站点的地心坐标系三维坐标值，再通过坐标转换，实时求解出每个移动站点厘米级的地心坐标系平面坐标和高程。

RTK 测量系统包括基准站、移动站、无线电数据链以及电子手簿等，如图 5-6 所示。基准站可以使用 1 台或多台 GNSS 接收机，移动站数量没有限制，每台接收机独立构成一个移动站，每个移动站配置一个电子手簿。无线电数据链有电台、移动网络通信两种，其中电台又分内置电台和外置电台两种。内置电台集成在接收机内部，功率较小，信号传输距离一般小于 3km。外置电台独立于接收机之外，通过数据线与接收机连接，用蓄电池供电，功率较大，传输距离可达 10km。

图 5-6 RTK 测量系统

四、GNSS 的应用

GNSS 应用比较广泛，主要包括以下几方面。

1）在控制测量中的应用。它的主要作用是建立新的地面控制网点，检核和改善已有的地面网，以及对已有的地面网进行加密等。

2）在工程变形监测中的应用。主要用来监测大型建筑物的变形，大坝的变形，城市地面及资源开发区地面的沉降、滑坡、山崩，还能用来监测地壳的变形，为地震的预报提供具体数据。

3）在海洋测绘中的应用。包括岛屿间的联测、大陆架控制测量、浅滩测量、海洋钻井平台定位及海洋地形测量等。

4）在交通运输中的应用。比如空运中可以保证安全飞行；还有空投救援、森林火灾救援、人工降雨等。

5）在军事上的应用。包括提供海、陆、空三军的连续实时导航和定位，建立全球统一的地心坐标系和高程基准，为远程武器提供精确的打击目标；为飞机、潜艇、舰艇等提供导航；监测核爆炸等。

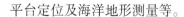 **任务实施**

一、任务组织

1）建议 4~6 人为一组，明确职责和任务，组长负责协调组内测量分工。

2）实训设备：GPS 仪器 1~2 台、三脚架 1 副、对中杆 2 个、记录板 1 块、实训记录表（按需领取）、铅笔、橡皮等。

二、实施过程

（一）准备工作

检查接收机天线、通信口、主机接口等设备是否牢固可靠，连接电缆接口是否有氧化脱落或松动现象。检查手簿、接收机等电源是否备足。检查脚架紧固螺旋是否可用，基座的对中器、气泡是否完好，开机检查手簿与接收机能否连接。

准备控制点、已有的地形图、影像图、项目相关文件等资料，必要时还可以通过互联网地图查看测区的地形地貌，评估工作难度。

如果用 CORS 施测，还应该检查 CORS 账号的服务区域、有效期是否满足本次作业需求，检查手机卡资费及流量是否足够。开机接入测试，先在手簿中设置正确的网络参数，包括通信参数、IP 地址、APN、端口、差分数据格式等。连接 CORS 服务器，查看网络 CORS 服务是否正常。

（二）建立工程项目

打开手簿中的数据采集软件，新建一个工程，在工程属性中设置正确的椭球参数及中央子午线等相关信息。所有的设置及观测得到的数据，均保存到该工程项目目录中，下次作业只需打开工程文件，无须重复设置。

（三）基准站设置

如果采用单基站 RTK 作业模式，需要设置基准站，采用网络 RTK 无需此步骤操作。

1. 设置基准站接收机工作模式

将 GNSS 接收机工作模式设置为基准站模式。部分机型可以通过手簿设置，有些机型只能通过接收机上的按键设置，有些接收机只能在开机时设置。

2. 架设基准站

用 RTK 进行控制测量时，基准站架设在至少高一级的控制点上，一般的图根控制点测量和碎部点测量，基准站可以架设在已知点上，也可以架设在未知点上。当基准站架设在已知点上时，需要进行对中、整平；架在未知点上，不需要对中、整平。如果采用电台作为数

据链，基准站宜选择高处架设；如果采用移动通信网络作为数据链，基准站必须架设在有移动通信网络的地方。

3. 设置基准站数据链

如果采用外置电台作为数据链，则要正确连接电台、天线、蓄电池；如果采用移动通信网络作为数据链，则要在接收机中插入手机卡。用手簿蓝牙连接接收机，点击基准站设置，选择合适的数据链模式。

采用电台作为数据链，一般需要设置电台类型（外置或内置）、电台频道等。采用移动通信网络作为数据链，一般需要设置 RTK 服务网站的 IP 地址、端口、用户账号、分组号等。一般 GNSS 接收机生产商建设有 RTK 服务网站供用户免费使用，可从生产商处获取相关参数。

4. 设置基准站坐标和高程

如果基准站架设在已知点上，则将该点坐标和高程输入手簿中。当移动站获得固定解后，即可点击"平滑"按键，移动站自动采集基准站的地心三维坐标若干次，并取平均值作为最终结果。如果基准站架设在未知点上，可直接点击"平滑"。若设置成功，基准站接收机差分信号灯闪烁，表明基准站已经开始发射差分信号。至此，可以断开手簿蓝牙连接，进行移动站设置。

（四）移动站设置

1. 设置移动站接收机工作模式

将 GNSS 接收机工作模式设置为移动站模式。部分机型可以通过手簿设置，有些机型只能通过接收机上的按键设置，有些接收机只能在开机时设置。

2. 架设移动站

如果 RTK 作业用于控制测量，则移动站应该用脚架和基座对中、整平；如果用于碎部点测量，可用固定高度对中杆对中、整平。

3. 设置移动站数据链

采用单基站 RTK 时，将移动站的数据链设置成和基准站一致，例如基准站采用内置电台或外置电台，则移动站数据链也应设置为内置电台或外置电台，且频道设置一样。如果基准站采用移动通信网络，则连接方式要灵活很多，归纳如下。

1）将手机卡插入接收机，利用接收机访问网络。

2）手机卡插入手簿，利用手簿访问网络。

上述两种方式是比较老的方法，需要准备额外的手机卡，操作起来比较麻烦。

3）手机打开热点，手簿连接热点访问网络。不需要额外的手机卡，相对比较简便。

4）利用手机作为手簿，将 RTK 测量软件安装在手机上，可直接访问网络。这种方法最便捷，但需要厂家的 RTK 软件支持在手机上安装。

采用移动通信网络连接，要求手簿能访问互联网，数据链设置为移动通信网络，且 IP、端口、分组号一致。

（五）获取测区转换参数

如果测区已经有转换参数，则可以采用已有的参数，也可以自行求解计算。自行解算转换参数的步骤如下。

1）在固定解状态下测量至少 3 个已知点的地心三维坐标。

2）点击 RTK 测量软件中的求四参数图标，弹出计算界面，从坐标库中选择已知点的地心三维坐标，手动输入参心坐标系坐标。输入至少 3 个已知点的两套坐标后，进行解算并应用。一般软件可以同时计算高程拟合参数。

（六）已有控制点检核

每时段作业开始或重新架设基准站后，应对已测点、高等级或同等级已知点进行检测，确保接收机配置、仪器高设置、GXCORS 系统和数据链等均处于正常状态。检核点应位于作业区域内，平面检测较差绝对值应≤7cm，高程检测较差绝对值应≤6cm。

任务评价

本次任务的任务评价见表 5-8。

表 5-8 GNSS 测量任务评价表

实训项目						
小组编号		学生姓名				
序号	考核项目	分值	实训要求		自我评定	教师评价
1	仪器安置	20	基准站、移动站安置正确，对中、整平符合要求			
2	操作程序	20	基准站、移动站设置及连接正确，操作程序正确			
3	参数转换及控制点	40	参数转换正确，控制点检核精度符合要求			
4	实训纪律	10	遵守课堂纪律，动作规范，无事故发生			
5	团队协作能力	10	服从安排，吃苦耐劳，配合其他人员工作，文明作业			

小组其他成员评价得分：_____、_____、_____、_____、_____

实训总结与反思：

能 力 训 练

思考题

（1）简述全站仪的概念及全站仪的基本测量功能。

（2）简述全站仪进行坐标测量的基本操作步骤。

（3）什么是 GNSS 测量？简述 GNSS 系统的组成。

（4）GNSS 测量外业测量的基本操作步骤有哪些？

项目六

小区域控制测量

项目导读

测量工作的组织原则是"从整体到局部""先控制后碎部",其含义就是在测区内,先建立测量控制网,用来控制全局,然后根据控制网测定控制点周围的地形或进行建筑施工放样。这样不仅可以保证整个测区有一个统一的、均匀的测量精度,而且可以加快测量进度。本项目将详细介绍控制测量的基本概念、分类,导线测量,三、四等水准测量和三角高程测量等。

知识目标

1. 了解控制测量的基本概念、分类、布网原则等。
2. 掌握导线的概念、布设形式和等级技术要求。
3. 掌握用导线测量方法在小测区内建立平面控制网的外业测量工作及内业计算。
4. 掌握三、四等水准测量的要求、外业测量工作及内业计算。
5. 掌握三角高程测量的外业测量工作及内业计算。

能力目标

1. 能正确进行导线测量外业工作及内业计算。
2. 能运用水准仪进行三、四等水准测量外业工作及内业计算。
3. 能进行三角高程测量外业工作及内业计算。

任务一 认识小区域控制测量

任务背景

控制测量是测量工作的基础，控制网具有控制全局、限制测量误差累积的作用，是各项测量工作的依据。对于地形测图，等级控制是扩展图根控制的基础，以保证所测地形图能互相拼接成为一个整体。对于工程测量，常需布设专用控制网，作为施工放样和变形观测的依据。那么，什么是控制测量？控制测量分为哪些类型？

任务描述

认识控制测量的概念与分类。

知识链接

一、控制测量的概念

控制测量是精确测定地面点的空间位置的工作，就是在测区中选定若干个具有控制意义的位置埋设标志点，用较高的精度测量出它们的三维坐标，如 $(X、Y、H)$。这些具有控制整体和全局意义的点称为控制点，它们按一定规律和要求组成网状几何图形，称为控制网。通过外业测量，并根据外业测量数据进行计算，来获得控制点的平面位置和高程的工作，称为控制测量。

控制网按内容可分为平面控制网和高程控制网。其中，测定控制点平面位置 $(X、Y)$ 的工作称为平面控制测量。平面控制测量的形式主要有卫星定位测量、导线测量和三角形网测量。测定控制点高程 (H) 的工作称为高程控制测量。高程控制测量的主要形式是水准测量，此外，也可采用三角高程测量和 GNSS 拟合高程测量。

二、国家控制网

国家控制网又称基本控制网，即在全国范围内按统一方案建立的控制网，它是用精密仪器精密方法测定，并进行严格的数据处理，最后求出控制点的平面位置和高程。

国家控制网按其精度可分为一、二、三、四等四个级别，而且是由高级向低级逐级加以控制。就平面控制网而言，先在全国范围内，沿经纬线方向布设一等网，作为平面控制骨干。在一等网内再布设二等全面网，作为全面控制的基础。为了其他工程建设的需要，再在二等网的基础上加密三、四等控制网（图 6-1）。建立国家平面控制网，主要是用三角测量、精密导线测量和 GPS 测量。

对国家高程控制网，首先是在全国范围内布设纵、横一等水准路线，在一等水准路线上

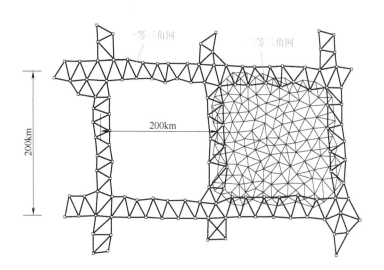

200km

200km

图 6-1　国家平面控制网

布设二等水准闭合或附合路线，再在二等水准环路上加密三、四等闭合或附合水准路线（图 6-2）。国家高程控制测量，主要采用精密水准测量的方法。

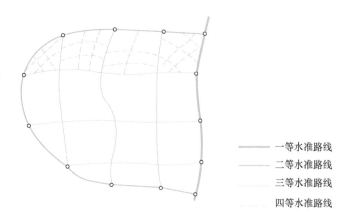

——— 一等水准路线

——— 二等水准路线

——— 三等水准路线

----- 四等水准路线

图 6-2　国家高程控制网

国家一、二级控制网，除了作为三、四级控制网的依据外，它还为研究地球形状和大小以及其他科学提供依据。

三、城市控制网

城市控制网是在国家控制网的基础上建立起来的，目的在于为城市规划、市政建设、工业民用建筑设计和施工放样服务。城市控制网建立的方法与国家控制网相同，只是控制网的精度有所不同。为了满足不同要求，城市控制网也要分级建立。

国家控制网和城市控制网均由专门的测绘单位承担。控制点的平面坐标和高程，由测绘管理部门统一，为社会各部门服务。

四、小区域控制网

小区域控制网是指在面积小于15km² 范围内建立的控制网。小区域控制网原则上应与国家或城市控制网相连，形成统一的坐标系和高程系。但当连接有困难时，也可以根据建设的需要，建立独立控制。小区域控制网也要根据面积大小分级建立，主要采用一、二、三级导线，一、二级小三角网或一、二级小三边网，其面积和等级的关系见表6-1。

表6-1 小区域控制网的建立

测区面积	首级控制	图根控制
2~15km²	一级小三角或一级导线	二级图根控制
0.5~2km²	二级小三角或二级导线	二级图根控制
0.5km² 以下	图根控制	—

五、图根控制网

直接为测图目的建立的控制网称图根控制网，图根控制网的控制点又称图根点。图根控制网应尽可能与上述各种控制网连接，形成统一系统。个别地区连接有困难时，也可建立独立图根控制网。图根控制专为测图而做，因此图根点的密度和精度要满足测图要求。表6-2是对平坦开阔地区图根点密度的规定。对山区或特别困难地区，图根点的密度可适当增大。

表6-2 平坦开阔地区图根点的密度

测图比例尺	1∶500	1∶1000	1∶2000	1∶5000
每平方公里图根点个数	150	50	15	5
每幅图图根点个数	9~10	12	15	20

控制测量工作是一项精细工作，每次观测、读数、记录、计算都要求严谨细致、精益求精、反复核算，稍有差错就需要重做；如果随意伪造数据，引起经济损失，严重时会有牢狱之灾。

任务二 导线测量

任务背景

导线测量是进行平面控制测量的主要方法之一，它适用于平坦地区、城镇建筑密集区及隐蔽地区。光电测距仪和全站仪的普及，使导线测量的应用更为广泛。那么，如何运用经纬仪或全站仪进行导线测量？

任务描述

使用全站仪进行导线测量。

导线测量

 知识链接

一、导线测量的概念

导线就是在地面上按一定要求选择一系列控制点，将相邻点用直线连接起来构成的折线。折线的顶点称为导线点，相邻点间的连线称为导线边。导线分精密导线和普通导线，前者用于国家或城市平面控制测量，而后者多用于小区域和图根控制测量。

导线测量，就是测量导线各边长和各转折角，然后根据已知数据和观测值计算各导线点的平面坐标。用经纬仪测角和钢尺量边的导线称为经纬仪导线。用光电测距仪测边的导线则称为光电测距导线。用于测图控制的导线称图根导线，此时的导线点又称图根点。

二、导线的布设形式

根据测区的地形以及已知高级控制点的情况，导线可布设成以下几种形式。

（一）附合导线

起始于一个高级控制点，最后附合到另一高级控制点的导线称为附合导线（图6-3）。由于附合导线附合在两个已知点和两个已知方向上，因此它具有自行检核条件，图形强度好，是小区域控制测量的首选方案。

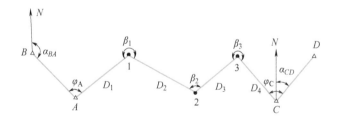

图6-3　附合导线

（二）闭合导线

起、止于同一已知点，中间经过一系列导线点，形成一闭合多边形的导线称为闭合导线（图6-4）。闭合导线一般适用于面积较宽阔、块状独立的地区。闭合导线也有图形自行检核条件，是小区域控制测量的常用布设形式，但由于它起、止于同一点，产生图形整体偏转不易发现，因而图形强度不及附合导线。

（三）支导线

从一已知控制点开始，既不附合到另一已知点，又不回到原来起始点的导线称为支导线（图6-5）。支导线没有图形自行检核条件，因此发生错误不易发现，一般只能用在无法布设附合或闭合导线的少数特殊情况下，并且要对导线边长和边数进行限制，一般只允许布设

2~3个点，仅适用于图根控制补点。

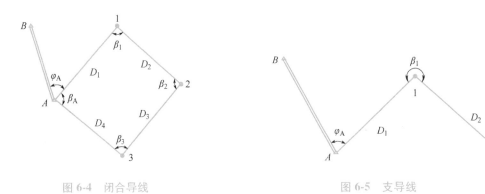

图 6-4　闭合导线　　　　　　　　图 6-5　支导线

三、导线测量的技术要求

在工程测量中，需要根据测区的不同情况和要求，合理布设适宜的导线形式。导线测量的等级与技术要求见表6-3。

表 6-3　小区域和图根导线测量的技术要求

等级	测图比例尺	附合导线长度/m	平均边长/m	往返丈量较差相对中误差	测角中误差（″）	导线全长相对中误差	测回数		角度闭合差（″）
							DJ$_6$	DJ$_2$	
一级		2500	250	1/20000	±5	1/10000	2	4	$\pm10\sqrt{n}$
二级		1800	180	1/15000	±8	1/7000	1	3	$\pm16\sqrt{n}$
三级		1200	120	1/10000	±12	1/5000	1	2	$\pm24\sqrt{n}$
图根	1：500	500	75	1/3000	±20	1/2000		1	$\pm60\sqrt{n}$
	1：1000	1000	110	1/3000	±20	1/2000		1	$\pm60\sqrt{n}$
	1：2000	2000	180	1/3000	±20	1/2000		1	$\pm60\sqrt{n}$

四、导线测量外业工作

导线测量工作分为外业和内业，外业工作主要是布设导线，通过实地测量获取导线的有关数据，其具体工作包括以下几方面。

（一）选点

导线点的选择，一般是利用测区内已有地形图，先在图上选点，拟订导线布设方案，然后到实地踏勘，落实点位。当测区不大或没有现成的地形图可利用时，可直接到现场，边踏勘边选点。不论采用什么方法，选点时应注意下列几点。

1）相邻点间应相互通视良好，地势平坦，便于测角和量距。

2）点位应选在土质坚实、便于安置仪器和保存的地方。

3）导线点应选在视野开阔的地方，便于碎部测量。

4）导线边长应大致相等，其平均边长应符合技术要求。

5）导线点应有足够的密度，分布均匀，便于控制整个测区。

（二）建立标志

当点位选定后，应马上建立和埋设标志。标志的形式可以制成临时性标志，如图 6-6 所示，即在选的点位上打入 7cm×7cm×40cm 的木桩，在桩顶钉一钉子或刻画"十"字，以示点位。如果需要长期保存点位，可以制成永久性标志，如图 6-7 所示，即埋设混凝土桩，在桩中心的钢筋顶面上刻"十"字，以示点位。

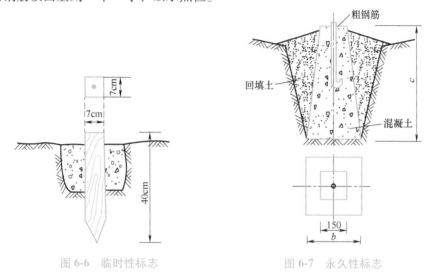

图 6-6　临时性标志　　　　图 6-7　永久性标志

标志埋设好后，对作为导线点的标志要进行统一编号，并绘制导线点与周围固定地物的相关位置图，称为点之记，如图 6-8 所示，作为今后找点的依据。

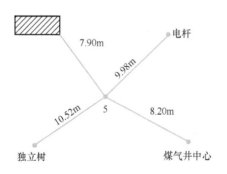

图 6-8　点之记

（三）测角

测角就是测导线的转折角。转折角以导线点序号前进方向分为左角和右角。对附合导线和支导线，测左角或测右角均可，但全线必须统一。对闭合导线，不论测左角或右角，都应该测闭合多边形的内角。

图根导线测量，一般用 J_6 经纬仪测一个测回。上、下半测回角差不大于 40″时，即可取平均值作为角值。

当测站上只有两个观测方向，即测单角时，用测回法观测；当测站上有三个观测方向时，用方向测回法观测，可以不归零；当观测方向超过三个时，方向测回法观测一定要归零。

（四）量边

导线边长一般要求用检定过的钢尺进行往返丈量。对图根导线测量，通常可以在同一方向丈量两次。当尺长改正数小于尺长的万分之一，测量时的温度与钢尺检定时的温度差小于 ±10℃，边的倾斜小于 1.5% 时，可以不加三项改正，以其相对中误差不大于 1/3000 为限差，直接取平均值即可。当然，如果有条件，可用光电测距仪测量边长，既能保证精度，又省力、省时。

（五）连测

导线与高级控制点进行连接，以取得坐标和坐标方位角的起算数据，称为连接测量，简称连测。导线连测的目的在于把已知点的坐标系传递到导线上来，使导线点的坐标与已知点的坐标形成统一系统（图6-9）。由于导线与已知点和已知方向连接的形式不同，因此连测的内容也不相同。连测工作可与导线测角、量边同时进行，要求相同。如果建立的是独立坐标系的导线，则要假定导线任一点的坐标值和某一条边的坐标方位角已知，这样才能进行坐标计算。

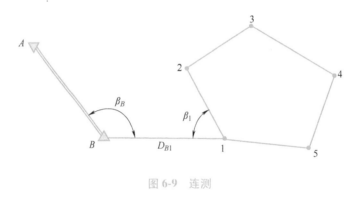

图 6-9　连测

五、导线测量内业工作

导线测量的内业工作就是内业计算，又称导线平差计算，即用科学的方法处理测量成果，合理地分配测量误差，最后求出各导线点的坐标值。为了保证计算的正确性和满足一定的精度要求，计算之前应注意两点：一是对外业测量成果进行复查，确认没有问题后，方可在专用计算表格上进行计算；二是对各项测量数据和计算数据取到足够位数。对小区域控制和图根控制测量的所有角度观测值及其改正数取到整秒；距离、坐标增量及其改正数和坐标值均取到厘米。

（一）闭合导线计算

1. 填写观测数据与已知数据

导线计算一般在表格上进行，首先要根据导线示意图，把有关的已知数据和观测数据填进表格中相应的位置。如图 6-10 所示的闭合导线计算示意图，1 是已知点，2、3、4 是待定导线点。图上标出了已知点的坐标、已知边与 12 边的坐标方位角、各点的转折角以及各边的边长。

闭合导线内业计算表见表 6-4。先在表中的第 1 栏填写导线点号，然后将转折角观测值和边长观测值分别填进与点号对应的"观测角"栏和"距离"栏中，在"纵坐标值""横坐标值"栏填写 1 点的已知坐标，在"坐标方位角"栏填入 12 的坐标方位角。

表6-4　闭合导线内业计算

点号	观测角 ° ′ ″	角度改正 / (″)	坐标方位角 ° ′ ″	距离 D/m	纵坐标增量值 Δx/m	v_x/m	横坐标增量值 Δy/m	v_y/m	改正后坐标增量 Δx改/m	Δy改/m	纵坐标值 x/m	横坐标值 y/m
1	2	3	4	5	6	7	8	9	10	11	12	13
1			125 30 00	105.23	-61.11	-0.02	+85.67	+0.02	-61.13	+85.69	800.00	800.00
2	107 48 28	+13 107 48 41	53 18 41	80.17	+47.90	-0.02	+64.29	+0.02	+47.88	+64.31	738.87	885.69
3	73 00 17	+12 73 00 29	306 19 10	129.35	+76.61	-0.03	-104.22	+0.02	+76.58	-104.20	786.75	950.00
4	89 33 53	+12 89 34 05	215 53 15	78.15	-63.31	-0.02	-45.81	+0.01	-63.33	-45.80	863.33	845.80
1	89 36 32	+13 89 36 45	125 30 00								800.00	800.00
2												
总和	359 59 10	+50 360 00 00		392.90	+0.09	-0.09	-0.07	+0.07	0	0		

辅助计算

$f_\beta = \sum\beta_测 - \sum\beta_理 = \sum\beta_测 - (n-2)\times180° = -50''$　$f_{\beta允} = \pm60''\sqrt{n} = \pm120''$　$f_\beta < f_{\beta允}$，符合要求

$v_\beta = -f_\beta/n = +12.5''$　$f_x = +0.09$m　$f_y = -0.07$m　$f_D = \sqrt{f_x^2 + f_y^2} = 0.11$m

$K = f_D/\sum D \approx \dfrac{1}{3500}$　$K_容 = 1/2000$　$K < K_容$，符合要求

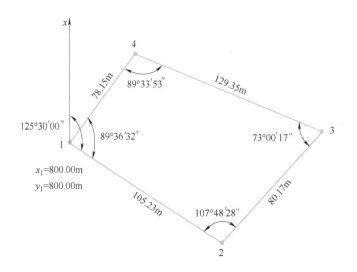

图 6-10　闭合导线计算

2. 角度闭合差的计算与调整

1）角度闭合差的计算。对于任意多边形，其内角和理论值的通项式可写成

$$\sum\beta_{理} = (n-2)\times 180° \tag{6-1}$$

式中，n 为内角个数；$\sum\beta_{理}$ 为内角和理论值。

用 $\sum\beta_{测}$ 表示四边形内角实测之和，在实际工作中，由于存在测量误差，使得 $\sum\beta_{测}\ne\sum\beta_{理}$，二者之差称为闭合导线的角度闭合差，通常用 f_β 表示，即

$$f_\beta = \sum\beta_{测} - \sum\beta_{理} = \sum\beta_{测} - (n-2)\times 180° \tag{6-2}$$

根据误差理论，一般情况下，f_β 不会超过一定的界限，该界限称为容许闭合差或闭合差限差，用 $f_{\beta允}$ 表示。$f_{\beta允}$ 值越小，精度要求越高。测量规范对不同等级的导线，规定了不同的 $f_{\beta允}$ 值，其中首级图根导线角度闭合差的容许值为

$$f_{\beta允} = \pm 60''\sqrt{n} \tag{6-3}$$

当 $f_\beta \le f_{\beta允}$ 时，导线的角度测量符合要求，否则应查明原因后重测。

在本例中，$f_\beta = \sum\beta_{测} - \sum\beta_{理} = \sum\beta_{测} - (n-2)\times 180° = 359°59'59'' - 360° = -50'' \le \pm 60''\sqrt{4} = \pm 120''$，因此符合要求。

2）角度闭合差的调整。经检核确认角度测量成果合格后，可将角度闭合差反号，按"平均原则，短边优先"对各观测角进行改正。各角改正数均为

$$v = -\frac{f_\beta}{n} \tag{6-4}$$

当 f_β 不能被 n 整除时，将余数均匀分配到若干较短边所夹角度的改正数中。本例中，各角度改正数为

$$v = -\frac{f_\beta}{n} = -\frac{-50''}{4} = 12.5'' $$

改正后角值为

$$\beta_{改} = \beta_{测} + v \tag{6-5}$$

例如本例中 2 号点改正后的角值为

$$\beta_{改} = \beta_{测} + v = 107°48'28'' + 13'' = 107°48'41''$$

角度改正数和改正后的角值见表 6-4 中的第 3 列。注意计算正确性的检核，其中角度改正数的总和应等于闭合差，而且符号相反；改正后角值的总和应等于内角和的理论值。

3. 坐标方位角推算

根据第一条边的坐标方位角及改正后的转折角，即可推算其他各导线边的坐标方位角，推算公式见式（4-18）。注意本导线计算的转折角都是左角，例如 23 边的方位角 α_{23} 为

$$\alpha_{23} = \alpha_{12} - 180° + \beta_{2改} = 125°30'00'' - 180° + 107°48'41'' = 53°18'41''$$

注意计算正确性的检核，即最后推算的方位角应等于其起算值。

4. 坐标增量的计算

如图 6-11 所示，根据各边坐标方位角（第 4 列）和实测导线各边边长（第 6 列），按式（6-6）、式（6-7）依次计算出相邻导线点间的初始坐标增量。

$$\Delta x = D\cos\alpha \qquad\qquad (6\text{-}6)$$
$$\Delta y = D\sin\alpha \qquad\qquad (6\text{-}7)$$

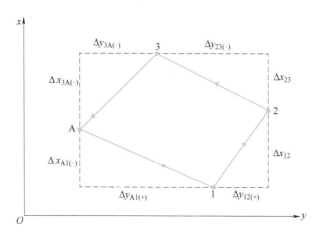

图 6-11 闭合导线增量计算

例如，12 边的坐标增量为

$$\Delta x_{12} = D\cos\alpha = 105.23 \times \cos 125°25'00'' = -61.11$$
$$\Delta y_{12} = D\sin\alpha = 105.23 \times \sin 125°30'00'' = +85.67$$

用同样的方法依次计算其他各边的坐标增量，填入表 6-4 的第 6 列和第 8 列。

5. 坐标增量闭合差的检核与分配

（1）坐标增量闭合差的计算

闭合导线中，纵横坐标增量代数和的理论值应为零，即

$$\sum \Delta x_{理} = 0 \qquad\qquad (6\text{-}8)$$
$$\sum \Delta y_{理} = 0 \qquad\qquad (6\text{-}9)$$

实际上，由于测量误差的存在，根据坐标方位角和距离，按式（6-6）、式（6-7）计算

各条边的纵横坐标增量，这些坐标增量之和 $\sum \Delta x$、$\sum \Delta y$ 与其理论值 $\sum \Delta x_{理}$、$\sum \Delta y_{理}$ 一般不相等，其不符值即为纵、横坐标增量闭合差，分别用 f_x 和 f_y 表示。闭合导线坐标增量闭合差计算公式为

$$f_x = \sum \Delta x \qquad (6\text{-}10)$$
$$f_y = \sum \Delta y \qquad (6\text{-}11)$$

表 6-4 中，导线 x 和 y 方向的坐标闭合差分别为：$f_x = +0.09\text{m}$，$f_y = -0.07\text{m}$。

（2）导线全长闭合差的计算

如图 6-12 所示，由于 f_x、f_y 的存在，闭合导线从 1 点出发，经 2、3、4 点后，再推算出 1 点坐标时，其位置在 1′处，1 至 1′点的距离 f_D 称为导线全长闭合差，其值为

$$f_D = \sqrt{f_x^2 + f_y^2} \qquad (6\text{-}12)$$

表 6-4 中，导线全长闭合差为

$$f_D = \sqrt{0.09^2 + (-0.07)^2}\,\text{m} = 0.11\text{m}$$

（3）导线全长相对闭合差的计算

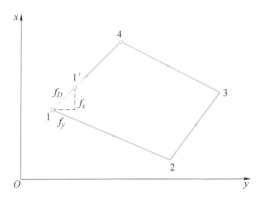

图 6-12　导线全长闭合差

仅从 f_D 值的大小还不能说明导线测量的精度是否满足要求，故应当将 f_D 与导线全长 $\sum D$ 相比，用分子为 1 的分数来表示导线全长相对闭合差，即

$$K = \frac{f_D}{\sum D} \qquad (6\text{-}13)$$

表 6-4 中，导线全长为 392.9m，相对闭合差为

$$K = \frac{f_D}{\sum D} = \frac{0.11}{392.9} \approx \frac{1}{3500}$$

（4）导线全长相对闭合差容许值

导线计算以导线全长相对闭合差 K 来衡量导线测量的精度较为合理。K 的分母值越大，精度越高。不同等级的导线全长相对闭合差容许值 $K_{容}$ 已列入表 6-3。若 K 超过 $K_{容}$，则说明结果不合格，应检查内业计算有无错误，必要时重测导线边长。若 K 不超过 $K_{容}$，说明边长观测结果符合精度要求，可以进入下一步计算。

对图根导线测量来说，$K_{容} = 1/2000$。表 6-4 闭合导线的导线全长相对闭合差小于 1/2000，说明导线边长测量结果合格。

（5）坐标增量改正数计算

确认边长结果合格后，将 f_x、f_y 反符号，按"比例原则，长边优先"分别对纵、横坐标增量进行改正。若以 v_{xi}、v_{yi} 分别表示第 i 边纵、横坐标增量的改正数，则

$$v_{xi} = -\frac{f_x}{\sum D} \times D_i \qquad (6\text{-}14)$$

$$v_{yi} = -\frac{f_y}{\sum D} \times D_i \qquad (6\text{-}15)$$

例如，表 6-4 中 12 导线边的坐标增量改正数为

$$v_{xi} = -\frac{f_x}{\sum D} \times D_i = -\frac{0.09}{392.9} \times 105.23\text{m} = -0.02\text{m}$$

$$v_{yi} = -\frac{f_y}{\sum D} \times D_i = -\frac{-0.07}{392.9} \times 105.23\text{m} = 0.02\text{m}$$

其他边的坐标增量改正数计算方法与此相同。注意检核计算的正确性，即纵、横坐标增量改正数之和应分别等于反号后的闭合差。但是由于余数取舍不平衡的原因，可能会使改正数之和比总闭合差多 1mm 或少 1mm。出现这种情况时，少 1mm 则将最长边所对应的坐标增量改正数增加 1mm；若多 1mm，则将最短边所对应的坐标增量改正数减少 1mm。

（6）改正后的坐标增量计算

各边坐标增量计算值与改正数之和即为改正后增量 $\Delta x_{i改}$、$\Delta y_{i改}$，其表达式为

$$\Delta x_{i改} = \Delta x_i + v_{xi} \tag{6-16}$$

$$\Delta y_{i改} = \Delta y_i + v_{yi} \tag{6-17}$$

例如，表 6-4 中 12 边改正后坐标增量为

$$\Delta x_{i改} = \Delta x_i + v_{xi} = -61.11\text{m} + (-0.02)\text{m} = -61.13\text{m}$$

$$\Delta y_{i改} = \Delta y_i + v_{yi} = 85.67\text{m} + 0.02\text{m} = 85.69\text{m}$$

使用同样方法计算各边改正后坐标增量，填入表 6-4 中。

6. 导线点坐标计算

根据起始点的坐标值和各导线边改正后坐标增量值，依次计算各导线点纵、横坐标值。

$$x_i = x_{i-1} + \Delta x_{i-1改} \tag{6-18}$$

$$y_i = y_{i-1} + \Delta y_{i-1改} \tag{6-19}$$

例如表 6-4 中导线点 2 的坐标为

$$x_i = x_{i-1} + \Delta x_{i-1改} = 800\text{m} + (-61.13)\text{m} = 738.87\text{m}$$

$$y_i = y_{i-1} + \Delta y_{i-1改} = 800\text{m} + 85.69\text{m} = 885.69\text{m}$$

使用同样方法计算其余各导线点的 x、y 坐标，分别记入表 6-4 中。注意闭合导线最后推算出起始点坐标，此推算坐标应等于已知起始点坐标，作为计算的最后检核。

（二）附合导线计算

附合导线计算与闭合导线计算的过程一样，也是六个计算步骤，计算方法也基本相同。区别有两处，一是角度闭合差计算，二是坐标闭合差计算。

如图 6-13 所示附合导线，A、B、C、D 是已知控制点，其坐标已知；1、2 是待定导线点，观测了导线的 2 个转折角和 2 个连接角，以及导线的 3 条边长，已知坐标和观测结果如图所示。

首先把这两个已知坐标方位角，以及导线起点 A 和终点 C 的坐标填到表 6-5 中，再把观测角度和观测边长填到表中相应的位置，然后进行导线计算，过程与闭合导线相同。下面介绍角度闭合差计算和坐标闭合差计算的方法。

1. 附合导线角度闭合差计算

根据起始边 AB 坐标方位角 α_{AB} 和各导线点的角度观测值 β_i（右角，含连接角和转折角），按方位角推算公式，可计算出结束边 CD 的坐标方位角为

$$\alpha'_{CD} = \alpha_{AB} + n \times 180° - \sum \beta_{右} \tag{6-20}$$

式中，n 为已知起始边 AB 至已知结束边 CD 之间的角度数量。本例中 $n=4$。

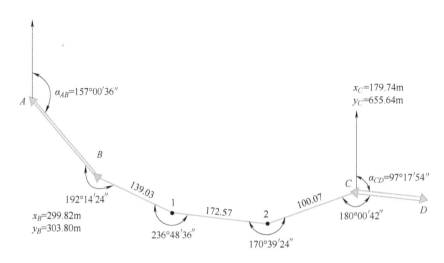

图 6-13　附合导线

由于观测角存在误差，致使 α'_{CD} 与已知值 α_{CD} 不相等，其差值为角度闭合差 f_β，即

$$f_\beta = \alpha'_{CD} - \alpha_{CD}$$

因此有附合导线的角度闭合差计算公式

$$f_\beta = \alpha_{AB} + n \times 180° - \sum \beta_{右} - \alpha_{CD} \tag{6-21}$$

注意，如果转折角为左角，则附合导线的角度闭合差计算公式为

$$f_\beta = \alpha_{AB} - n \times 180° + \sum \beta_{左} - \alpha_{CD} \tag{6-22}$$

在表 6-5 中，角度闭合差按式（6-21）计算，即

$$f_\beta = 157°00'36'' + 4 \times 180° - 779°43'06'' - 97°17'54'' = -24''$$

此角度闭合差在限差之内，角度结果合格。后续的角度改正数、改正后角度、方位角推算以及坐标增量计算，其方法与闭合导线的计算完全相同。计算结果见表 6-5。

2. 附合导线坐标闭合差计算

附合导线中，始、终两已知点间各边坐标增量代数和的理论值，应等于该两点已知坐标值之差，即

$$\sum \Delta x_{理} = x_{终} - x_{起} \tag{6-23}$$

$$\sum \Delta y_{理} = y_{终} - y_{起} \tag{6-24}$$

实际上，由于边长测量误差的存在，根据坐标方位角和边长计算的各条边的纵、横坐标增量也有误差，这些坐标增量之和 $\sum \Delta x$、$\sum \Delta y$ 与其理论值 $\sum \Delta x_{理}$、$\sum \Delta y_{理}$ 一般不相等，其不符值即为纵、横坐标增量闭合差，分别用 f_x 和 f_y 表示，即

$$f_x = \sum \Delta x - \sum \Delta x_{理} \tag{6-25}$$

$$f_y = \sum \Delta y - \sum \Delta y_{理} \tag{6-26}$$

在表 6-5 中，按式（6-25）、式（6-26）计算的纵、横坐标增量闭合差为

$$f_x = \sum \Delta x_{测} - (x_C - x_A) = -120.17\text{m} - (-120.08)\text{m} = -0.09\text{m}$$

$$f_y = \sum \Delta y_{测} - (y_C - y_A) = 351.92\text{m} - (351.84)\text{m} = 0.08\text{m}$$

与闭合导线计算同理，导线全长闭合差 $f_D = 0.12$m，导线全长相对闭合差 $K = 1/3400$，小于导线全长容许相对闭合差，边长结果合格。后续的坐标增量改正数、改正后坐标增量以及导线点坐标的计算，其方法与闭合导线的计算完全相同。计算结果见表 6-5。

表 6-5　附合导线内业计算

点号	观测角 ° ′ ″	角度改正 /(″)	坐标方位角 ° ′ ″	距离 D/m	纵坐标增量值 Δx/m	v_x/m	横坐标增量值 Δy/m	v_y/m	改正后坐标增量 Δx改/m	Δy改/m	纵坐标值 x/m	横坐标值 y/m
1	2	3	4	5	6	7	8	9	10	11	12	13
A			157 00 36									
B	192 14 24	-6 / 192 14 18	144 46 18	139.03	-113.57	+0.03	+80.20	-0.02	-113.54	+80.17	299.82	303.80
1	236 48 36	-6 / 236 48 30	87 57 48	172.57	+6.13	+0.04	+172.46	-0.03	+6.17	+172.43	186.28	383.97
2	170 39 24	-6 / 170 39 18	97 18 30	100.07	-12.73	+0.02	+99.26	-0.02	-12.71	+99.24	192.45	556.40
C	180 00 42	-6 / 180 00 36	97 14 54								179.74	655.64
D												
总和	779 43 06	-24 / 779 42 42		411.67	-120.17	+0.09	+351.92	-0.07	-120.08	+351.84		

辅助计算

$f_\beta = \alpha_{AB} + n \times 180° - \sum\beta_后 = +24''$　$f_{\beta允} = \pm 60''\sqrt{n} = \pm 120''$　$f_\beta < f_{\beta允}$，符合要求

$v_\beta = -f_\beta/n = -6''$　$f_x = -0.09m$　$f_y = +0.08m$　$f_D = \sqrt{f_x^2 + f_y^2} = 0.12m$

$K = f_D/\sum D \approx \dfrac{1}{3400}$　$K_容 = 1/2000$　$K < K_容$，符合要求

任务实施

一、任务组织

1）建议 4~6 人为一组，明确职责和任务，组长负责协调组内测量分工。

2）实训设备：全站仪 1 台、三脚架 1 副、棱镜 2 个、棱镜杆 2 个、记录板 1 块、实训记录表（按需领取）、铅笔、橡皮等。

二、实施过程

已知 A 点坐标为（500，500），AB 方位角为 30°00′00″。布设一条闭合路线，运用全站仪进行闭合导线测量，测出待测点 B、C、D 的坐标，如图 6-14 所示。

图 6-14 闭合导线（实训）

1）踏勘选点。在教师的指导下，各组找到各自的已知点 A 和待测点 B、C、D。

2）用全站仪测回法完成一个四边形 4 个内角的观测以及水平距离的观测，将观测数据填入表 6-6；轮换操作，每人必须独立完成 1 个测站的操作、读数、记录和计算。

3）完成必要记录和计算，并求出四边形内角和闭合差。

三、实训记录（表 6-6）

表 6-6 导线测量外业记录表

测点	盘位	目标	水平度盘读数 o ′ ″	水平角 半测回值 o ′ ″	一测回值 o ′ ″	边名	水平距离/m	备注

（续）

测点	盘位	目标	水平度盘读数	水平角		边名	水平距离/m	备注
				半测回值	一测回值			
			° ′ ″	° ′ ″	° ′ ″			
校核	四边形闭合差 $f_\beta =$							

四、实训注意事项

1）每测站观测结束后，应立即计算校核。若有超限数据，则重测该测站，合格后才能迁站。

2）记录员听到观测员读数后必须向观测员回报，经观测员确认后方可记入手簿，以防听错或记错。数据记录应字迹清晰，不得涂改。

3）要注意数据记录的规范性，严禁涂改、照抄、转抄数据。数据作废应注明原因。

4）注意测站与目标点对中的精确度。

任务评价

本次任务的任务评价见表6-7。

表6-7 导线测量任务评价

实训项目						
小组编号		学生姓名				
序号	考核项目	分值	实训要求		自我评定	教师评价
1	操作程序	20	操作动作规范，操作程序正确			
2	操作速度	20	能按时完成实训任务			
3	数据记录	10	记录规范，无转抄、涂改、抄袭等，否则每处扣2分，扣完为止			
4	测量成果	30	计算准确，精度符合规定要求			
5	实训纪律	10	遵守课堂纪律，动作规范，无事故发生			
6	团队协作能力	10	服从安排，吃苦耐劳，配合其他人员工作，文明作业			

小组其他成员评价得分：_____、_____、_____、_____、_____

实训总结与反思：

任务三 三、四等水准测量

 任务背景

高程控制测量是控制测量的重要组成部分。工程建设项目的测绘和施工测量，一般都以三、四等水准测量作为基本的高程控制。那么三、四等水准测量是如何实施测量的？其方法和步骤是怎样的？

任务描述

使用水准仪进行三、四等水准测量。

知识链接

四等水准测量
观测方法

三、四等水准测量是在一、二等水准测量的基础上进行加密而成，作为地形测量和工程测量的高程控制。三、四等水准测量与普通水准测量进行的工作大体相同，都需要进行拟定水准路线、选点、埋石和观测等步骤，不同的是三、四等水准测量必须进行双面尺观测，记录计算、观测顺序和精度要求也有所不同。

（一）三、四等水准测量的技术要求

小区域高程控制测量多采用三、四等水准测量，多布设为附合水准路线、闭合水准路线等形式，三、四等水准测量主要技术指标见表 6-8。

三、四等水准测量主要使用水准仪进行观测时，水准尺采用整体式双面水准尺，观测前必须对水准仪和水准尺进行检验。测量时水准尺应安置在尺垫上，且水准尺应扶直。

表 6-8 三、四等水准测量的技术指标

等级	标准视线长度/m	前后视距差/m	前后视距累计差/m	黑红面读数差/mm	黑红面高差之差/mm
三	75	3.0	6.0	2.0	3.0
四	100	5.0	10.0	3.0	5.0

（二）三、四等水准测量的外业操作程序

三、四等水准测量每一测站的观测程序如下。

1）后视黑面尺，读取下、上、中丝读数，即（2）（1）（3）。

2）前视黑面尺，读取下、上、中丝读数，即（5）（4）（6）。

3）前视红面尺，读取中丝读数，即（7）。

4）后视红面尺，读取中丝读数，即（8）。

以上（1）（2）……（8）内之号码，表示观测与记录的顺序，见表6-9。这样的观测顺序简称为"后一前一前一后"，其优点是可以大大减弱仪器下沉误差的影响。四等水准也可采用"后一后一前一前"的观测程序。

表6-9　三、四等水准测量观测记录

测站编号	点号	后尺	上丝/mm	前尺	上丝/mm	方向及尺号	标尺读数		（K+黑-红）/mm	高差中数/m	备注
			下丝/mm		下丝/mm		黑面/mm	红面/mm			
		后距/m		前距/m							
		视距差 d/m		∑d/m							
		（1）		（4）		后	（3）	（8）	（15）		
		（2）		（5）		前	（6）	（7）	（16）	（18）	
		（9）		（10）		后-前	（13）	（14）	（17）		
		（11）		（12）							
1	BM₄—TP₁	1571		0739		后1	1384	6171	0	0.8235	$K_1=$ 4787mm $K_2=$ 4687mm
		1197		0363		前2	0551	5239	1		
		37.4		37.6		后-前	+0833	+0932	-1		
		-0.2		-0.2							
2	TP₁—TP₂	2121		2196		后2	1929	6616	0	-0.075	
		1735		1813		前1	2004	6792	-1		
		38.6		38.3		后-前	-0075	-0175	+1		
		+0.3		+0.1							

（三）三、四等水准测量的计算方法

1. 视距部分

后视距离（9）=｜（1）-（2）｜×100。

前视距离（10）=｜（4）-（5）｜×100。

前、后视距差（11）=（9）-（10）。对于三等水准，（11）≤±3m；对于四等水准，（11）≤±5m。

前、后视距累积差（12）=上站（12）+本站（11）。对于三等水准，（12）≤±6m；对于四等水准，（12）≤±10m。

2. 高差部分

同一水准尺红、黑面中丝读数之差，应等于该尺红、黑面的零点常数差K（设$K_1=$4.787m；$K_2=$4.687m）。

（16）=（6）+K_1-（7）。对于三等水准，（16）≤±2mm；对于四等水准，（16）≤±3mm。

（15）=（3）+K_2-（8）。对于三等水准，（15）≤±2mm；对于四等水准，（15）≤±3mm。

黑面高差（13）=（3）-（6）。

红面高差（14）=（8）-（7）。

校核（17）=（13）-[（14）±100]=（15）-（16）。对于三等水准，（17）≤±3mm；对于四等水准，（17）≤±5mm。

式中，100 为两根水准尺红面起点注记之差，即 4787-4687＝100。

平均高差（18）＝0.5×{（13）+［（14）±100］}/1000

3. 每页的计算校核

（1）视距部分

末站视距累积差＝末站（12）＝∑（9）-∑（10）。

（2）高差部分

测站数为偶数时：∑［（3）+（8）］-［（6）+（7）］＝∑［（13）+（14）］＝2∑（18）×1000。

测站数为奇数时：∑［（3）+（8）］-［（6）+（7）］＝∑［（13）+（14）］＝2∑（18）×1000±100。

在完成一测段单程测量后，须立即计算其高差总和。完成水准路线往返观测或附合、闭合路线观测后，应尽快计算高差闭合差，并进行成果检验。若高差闭合差未超限，便可进行闭合差调整，最后按调整后的高差计算各水准点的高程。

任务实施

一、任务组织

1）建议 4~6 人为一组，明确职责和任务，组长负责协调组内测量分工。

2）实训设备：水准仪 1 台、三脚架 1 副、水准尺 2 块、尺垫 2 个、记录板 1 块、实训记录表（按需领取）、铅笔、橡皮等。

二、实施过程

实验场地选定一条闭合水准路线，从已知高程的水准点 BM_A 出发，沿各待定高程的水准点 B、C、D 进行测量，其长度为 600m 左右。各测段应设偶数个测站点，个数以 2、4 为宜，视线长度在 50m 左右，前后视距差不超过 5m，如图 6-15 所示。

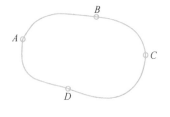

图 6-15　闭合水准路线
（四等水准测量实训）

1）踏勘选点。在教师的指导下，各组找到各自的已知点 A 和待测点 B、C、D。

2）在两根水准尺大致中间位置安置水准仪。瞄准后视尺黑面读出上丝和下丝读数，记入表 6-10 中。读出中丝读数，记入表 6-10 中。

3）瞄准前视尺黑面读出上丝和下丝读数，记入表 6-10 中。读出中丝读数，记入表 6-10 中。

4）水准仪不动，前视点上的立尺者转动水准尺成红面，观测者读取红面中丝读数，记入表 6-10 中。

5）转动水准仪望远镜，瞄准后视尺红面，读取中丝读数，记入表 6-10 中。

6）每测站各项观测记录完毕应随即进行计算和检验。

7）依次设站，用相同的方法进行观测和计算，直至线路终点。

8）全水准路线观测结束后，应进行计算和检核。

9）成果检验与高程计算。

三、实训记录（表 6-10）

表 6-10　水准测量外业记录

测站编号	点号	后尺	上丝/mm 下丝/mm	前尺	上丝/mm 下丝/mm	方向及尺号	标尺读数		(K+黑-红)mm	高差中数/m	备注
			后距/m		前距/m		黑面/mm	红面/mm			
			视距差 d/m		$\sum d$/m						
						后					
						前					
						后-前					
						后					
						前					
						后-前					
						后					
						前					
						后-前					
						后					
						前					
						后-前					

四、实训注意事项

1）每测站观测结束后，应立即计算校核。若有超限数据，则重测该测站，合格后才能迁站。

2）记录员听到观测员读数后必须向观测员回报，经观测员确认后方可记入手簿，以防听错或记错。数据记录应字迹清晰，不得涂改。

3）要注意数据记录的规范性，严禁涂改、照抄、转抄数据。数据作废应注明原因。

4）服从指导教师的领导，实训期间，注意安全，严禁打闹、嬉戏，杜绝一切事故。

5）四等水准测量记录计算比较复杂，要多想多练，步步校核，熟中取巧。

任务评价

本次任务的任务评价见表6-11。

表 6-11　三、四等水准测量任务评价

实训项目					
小组编号		学生姓名			
序号	考核项目	分值	实训要求	自我评定	教师评价
1	操作程序	20	操作动作规范，操作程序正确		
2	操作速度	20	能按时完成实训任务		
3	数据记录	10	记录规范，无转抄、涂改、抄袭等，否则每处扣2分，扣完为止		
4	测量成果	30	计算准确，精度符合要求		
5	实训纪律	10	遵守课堂纪律，动作规范，无事故发生		
6	团队协作能力	10	服从安排，吃苦耐劳，配合其他人员工作，文明作业		

小组其他成员评价得分：_____、_____、_____、_____、_____

实训总结与反思：

任务四　三角高程测量

任务背景

在高程控制测量中，一般在平缓地区采用水准测量方式。当地形高低起伏、高差较大，不便于水准测量时，可以用三角高程测量的方法测定两点间的高差，从而推算各点的高程。那么，三角高程测量是如何实施的？

任务描述

学习三角高程测量的原理和观测方法。

（一）三角高程测量的原理

三角高程测量是根据已知点高程及两点之间的竖直角和距离，应用三角公式计算两点间的高差，求出未知点的高程。三角高程测量又可分为经纬仪三角高程测量和光电测距三角高程测量。

如图 6-16 所示，已知 AB 水平距离 D_{AB}，A 点高程 H_A，在测站 A 观测垂直角 α_{AB}，则

$$h_{AB} = D_{AB}\tan\alpha_{AB} + i_A - v_B \qquad (6-27)$$

$$H_B = H_A + h_{AB} \qquad (6-28)$$

式中，i_A 为仪器高；v_B 为觇标高。

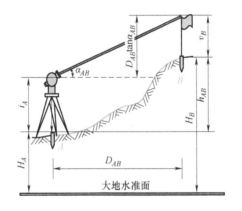

图 6-16 三角高程测量原理

（二）三角高程测量的观测

为了提高三角高程测量的精度，一般要进行直、返觇双向观测，并取平均值作为最后结果。具体操作如下。

1）如图 6-16 所示，安置全站仪于测站 A 点，量取仪器高 i，在目标点上安置棱镜，量取棱镜高 v_B。i_A 和 v_B 用小钢卷尺量两次取平均值，读数至 1mm。分别用盘左、盘右瞄准棱镜中心，测定垂直角 α_{AB} 和水平距离 D_{AB}，称为直觇观测。此时有

$$H_B = H_A + h_{AB} = H_A + D_{AB}\tan\alpha_{AB} + i_A - v_B \qquad (6-29)$$

2）将经纬仪安置于 B 点，在 A 点竖立棱镜，量仪器高 i_B 和棱镜高 v_A。同法测定垂直角 α_{BA} 和水平距离 D_{BA}，称为反觇观测。此时有

$$H_B = H_A + h_{AB} = H_A - h_{BA} = H_A - (D_{BA}\tan\alpha_{BA} + i_B - v_A) \qquad (6-30)$$

直、反觇双向观测的高差平均值为

$$h_{AB中} = \frac{h_{AB} - h_{BA}}{2} \qquad (6-31)$$

待定点 B 的直、反觇双向观测所得的高程结果值为

$$H_B = H_A + h_{AB中} \qquad (6-32)$$

为减少垂直折光变化的影响，对向观测应在较短时间内进行。应避免在大风或雨后初晴

时观测，也不宜在日出后和日落前 2 小时内观测。

光电测距三角高程测量的主要技术要求见表 6-12。

表 6-12　光电测距三角高程测量主要技术要求

等级	每千米高差全中误差/m	边长/km	观测方式	对向观测高差较差/mm	附合或环形闭合差/mm
四等	10	≤1	对向观测	$40\sqrt{D}$	$20\sqrt{\sum D}$
五等	15	≤1	对向观测	$60\sqrt{D}$	$30\sqrt{\sum D}$

注：D 为测距边的长度（km）。

能力训练

1. 单项选择题

（1）小区域控制测量中，导线的主要布置形式有（　　）。

① 视距导线　② 附合导线　③ 闭合导线　④ 平板仪导线　⑤ 支导线　⑥ 测距仪导线

A. ①②④　　　　　　　　　　B. ①③⑤

C. ②③⑤　　　　　　　　　　D. ②④⑥

（2）附合导线与闭合导线坐标计算的不同点是（　　）。

A. 角度闭合差计算与调整、坐标增量闭合差计算

B. 坐标方位角计算、角度闭合差计算

C. 坐标增量计算、坐标方位角计算

D. 坐标增量闭合差计算、坐标增量计算

（3）导线测量外业包括踏勘选点、埋设标志、边长丈量、转折角测量和（　　）测量。

A. 定向　　　　　　　　　　B. 连接边和连接角

C. 高差　　　　　　　　　　D. 定位

（4）导线坐标增量闭合差调整的方法是将闭合差按与导线长度成（　　）的关系求得改正数，以改正有关的坐标增量。

A. 正比例并同号　　　　　　B. 反比例并反号

C. 正比例并反号　　　　　　D. 反比例并同号

（5）三角高程测量中，高差计算公式 $h = D\tan\alpha + i - v$，式中 v 为（　　）。

A. 仪器高　　　　　　　　　B. 初算高差

C. 觇标高（中丝读数）　　　D. 尺间隔

（6）导线测量角度闭合差的调整方法为（　　）。

A. 反符号按边数平均分配　　B. 反符号按边长比例分配

C. 反符号按角度个数平均分配　D. 反符号按角度大小比例分配

（7）双面水准尺法进行四等水准测量时，一个测站上的观测顺序为（　　）。

A. 后—前—前—后　　　　　B. 前—后—后—前

C. 后—前—后—前　　　　　D. 前—后—前—后

（8）进行水准测量时，若发现本测站某项限差超限，应（　　）。

A. 修改错误数据　　　　　　B. 修改某记录数据

C. 重测前视或后视　　　　D. 立即返工重测本测站

2. 简答题

（1）建立平面控制和高程控制的主要方法有哪些？

（2）闭合导线与附合导线的内业计算有何异同点？

（3）试述全站仪三角高程测量的全过程。

（4）三、四等水准测量与五等水准比较，在应用范围、观测方法、技术指标及所用仪器方面有哪些差别？

3. 计算题

（1）表 6-13 中，已知坐标方位角及边长，试计算各边的坐标增量 Δx、Δy。

表 6-13　计算题（1）数据

边号	坐标方位角/（° ′ ″）	边长/m
AB	81　45　37	346.512
BC	94　33　59	523.805
CD	267　21　44	527.024

（2）表 6-14 中，已知 A、B、C、D 各点坐标，试计算 AB 和 CD 的坐标方位角和边长。

表 6-14　计算题（2）数据

点号	x/m	y/m	点号	x/m	y/m
A	9821.071	4293.387	C	9187.419	2642.792
B	9590.933	4043.074	D	9310.541	2931.040

（3）四等水准测量外业记录见表 6-15，试进行内业计算。

表 6-15　计算题（3）数据

测站编号	测站点号	后尺	上丝/m 下丝/m	前尺	上丝/m 下丝/m	方向	水准尺读数		（K+黑-红）/mm	高差中数/m
		后距/m		前距/m			黑面/m	红面/m		
		视距差 d/m		∑d/m						
1	A－B	1.073		1.141		后	1.174	5.862		
		1.275		1.337		前	1.240	6.025		
						后－前				
2	B－C	1.180		1.569		后	1.287	6.074		
		1.391		1.774		前	1.673	6.357		
						后－前				

项目七

地形图测绘与应用

项目导读

地形图是包含丰富的自然地理、人文地理和社会经济信息的载体。它是进行工程建设项目可行性研究的重要资料，是工程规划、设计和施工的重要依据。在测绘工作中，地形图测绘占据着非常重要的位置。传统大比例尺地形图的测绘方法有经纬仪测绘法、小平板仪测图法、大平板仪测图法等。随着测绘仪器的更新换代，人们也在寻求一种新的作业方式来替代传统的作业方式进行地形图测绘。目前已广泛采用全站仪和RTK进行外业数据采集，并利用专用的数字成图软件进行内业数据处理和自动成图，这种数字测图技术已成为小区域大比例尺地形图测绘的常用手段。正确地测绘和应用地形图，是工程技术人员必须具备的基本技能。本项目将详细介绍地形图的基本知识、地形图测绘的方法和基本应用等。

知识目标

1. 了解地形图的形成，掌握地形图的基本知识；了解地物、地貌的识读方法。
2. 掌握全仪数字测图的方法与步骤。
3. 了解RTK测图和无人机测图。
4. 理解地形图的基本应用。

能力目标

1. 能正确识读地形图。
2. 会进行地形图的测量和绘制。
3. 能应用地形图求某点坐标、高程，以及求某直线的坐标方位角、长度和坡度。

任务一　认识地形图

 任务背景

　　地形图上所反映的内容非常多，归结起来可分为地物和地貌两大类。地物是指地表各种自然物体和人工建（构）筑物，如森林、河流、街道、房屋、桥梁等；地貌是指地表高低起伏的形态，如高山、丘陵、平原、洼地等。地形测量的任务，就是把错综复杂的地形测量出来，并用简单、规范的符号表示在图纸上，这些符号统称为地形图符号，只要熟悉了这些规范的符号，就可以看懂地形图。地物和地貌合称为地形。地形图就是将地球表面上的各种地物和地貌投影到水平面上，按一定比例缩小，并使用统一规定的符号绘制而成的图纸。它是地球表面实际情况的客观反映，各项工程建设都需要首先在地形图上进行规划、设计。学习大比例尺地形图的基本知识，才能正确识读和使用地形图，并将有助于地形图的测绘。

任务描述

　　学习地形图的基本知识。

知识链接

一、地形图的比例尺

　　在测绘地形图时，通常把地面上地物和地貌的平面尺寸缩小之后画在图纸上，以便应用。地形图上的直线长度与地面上相应直线的水平距离之比称为地形图的比例尺。比例尺是地形图的重要参数，它决定了地形图的精度与详细程度。比例尺的表示方法有两种，即数字比例尺和图示比例尺。

地形图的基本知识

1. 数字比例尺

　　用数字形式表示的比例尺称为数字比例尺，它是图上的直线长度 d 与地面上相应直线的水平距离 D 之比，并以分子为 1 的分数表示，即

$$\frac{1}{M} = \frac{d}{D} = \frac{1}{\dfrac{D}{d}} \tag{7-1}$$

式中，d 表示地形图上某段直线的距离；D 表示地面上相应直线的水平距离；M 表示比例尺分母。

　　比例尺分母越大，比值越小，比例尺亦越小；反之，比例尺分母越小，比值越大，比例尺亦越大。地形图的比例尺越大，图上表示的地物、地貌越详尽。

　　通常把 1∶500、1∶1000、1∶2000 和 1∶5000 比例尺地形图称为大比例尺地形图。大

比例尺地形图通常通过实测得到，普遍使用于公路、铁路、城市规划、水利等工程。1:1万、1:2.5万、1:5万、1:10万的比例尺地形图称为中比例尺地形图。中比例尺地形图目前均为航空摄影测量方法成图。1:20万、1:50万、1:100万的比例尺地形图称为小比例尺地形图，一般由其他比例尺地形图编绘而成。

2. 图示比例尺

为了使用方便，避免由于图纸伸缩而引起的误差，通常在地形图下方绘制一用图解法表示的比例尺，作为图的组成部分之一，称为图示比例尺或直线比例尺。图示比例尺的表示方法如图7-1所示，图中两条平行直线间距为2mm，以2cm为单位分成若干大格，成为比例尺的基本单位。将左边第一大格十等分，大小格分界处注以0，右边其他大格分界处标记实际长度。

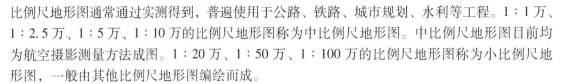

图 7-1　图示比例尺

使用时，先用分规在图上量取某线段的长度，然后用分规的右针尖对准右边的某个整分划，使分规的左针尖落在最左边的基本单位内。如图7-2所示，右针尖处于20m分划处，左针尖落在0左边的3.4m分划线上，则该线段所代表的实地水平距离为（20+3.4）m=23.4m。

图 7-2　图示比例尺的使用

二、地形图的比例尺精度

地形图上所表示的地物、地貌细微部分与实地有所不同，其精确与详尽程度受地形图比例尺精度的影响。通常情况下，肉眼能分辨出图上两点间的最小距离为0.1mm。因此，地面上的实物按比例尺缩小，小于图上0.1mm时，在图上就无法辨别而表示不出来。地形图上0.1mm所代表的实地水平距离称为比例尺精度。常用大比例尺地形图的比例尺精度见表7-1。

表 7-1　比例尺的精度

比例尺	1:500	1:1000	1:2000	1:5000
比例尺精度/m	0.05	0.1	0.2	0.5

1. 比例尺精度对于地形图测量和应用的意义

1）根据比例尺精度确定实地量测精度。例如在1:500地形图上测绘地物，量距的精度为

$$D = 500 \times 0.1mm = 50mm = 5cm$$

即量距的精度只需取到±5cm即可，因为量得再精细，在图上也无法表示出来。

2）可根据用图的要求，选用测绘地形图的比例尺。如某项工程建设，要求在图上能反映地面上10cm的精度（即测图的精度为±10cm），则应选用的比例尺为

$$M = D/0.1mm = 100/0.1 = 1000$$

即测图比例尺不应小于1∶1000。

不同的测图比例尺有不同的比例尺精度。比例尺越大，所反映的地形越详细，精度也越高，但测图的时间、费用消耗也将随之增加。实际工程中采用何种比例尺测图，应从工程规划、施工实际情况需要的精度出发，不应盲目追求更大比例尺的地形图。

通常在工程建设的初步规划设计阶段使用1∶2000、1∶5000、1∶10000的地形图，在详细规划设计和施工阶段应使用1∶2000、1∶1000、1∶500的地形图。用图部门可依工程需要，参照《城市测量规范》（CJJ/T 8—2011）的规定（表7-2），选择测图比例尺。

表7-2　测图比例尺的适用范围

比例尺	用途
1∶10000	城市规划设计（城市总体规划、厂址选择、区域位置方案比较等）
1∶5000	
1∶2000	城市详细规划和工程项目的初步设计等
1∶1000	城市详细规划和管理、地下管线和地下普通建（构）筑工程的现状图、工程项目的施工图设计等
1∶500	

2. 选用地形图比例尺的一般原则

1）图面所显示地物、地貌的详尽程度应满足设计要求。

2）图上平面点位和高程的精度应满足设计要求。

3）图幅的大小应便于总图设计布局。

4）在满足以上要求的前提下，尽可能选用较小的比例尺。

三、地形图的符号

地形图符号可分为地物符号、注记符号和地貌符号三大类。地形图符号的大小和形状，因测图比例尺的大小不同而有差别。各种比例尺地形图的符号、图式、图上和图边注记字体的位置与排列等都有一定的标准格式。国家测绘总局制定了各种比例尺地形图的标准图式，表7-3是《国家基本比例尺地图图式　第1部分：1∶500　1∶1000　1∶2000地形图图式》（GB/T 20257.1—2017）中的部分地形图符号（符号上所注尺寸，均以毫米为单位）。下面对地物符号、地貌符号和注记符号分别进行说明。

表7-3　1∶500、1∶1000、1∶2000地形图图式（部分）

编号	符号名称	符号式样	符号细部图	多色图色值
4.1.6	水准点 Ⅱ——等级 京石5——点名点号 32.805——高程	2.0 ⊗ $\frac{Ⅱ京石5}{32.805}$		K100

（续）

编号	符号名称	符号式样	符号细部图	多色图色值
4.1.7	卫星定位等级点 B——等级 14——点号 495.263——高程	3.0 △ $\dfrac{\text{B14}}{495.263}$		K100
4.1.8	独立天文点 照壁山——点名 24.54——高程	4.0 ☆ $\dfrac{\text{照壁山}}{24.54}$		K100
4.2	水系			
4.2.1	地面河流 a. 岸线（常水位岸线、实测岸线） b. 高水位岸线（高水界） 清江——河流名称			a. C100 面色 C10 b. M40Y100K30
4.2.2	地下河段及水流出入口 a. 不明流路的地下河段； b. 已明流路的地下河段； c. 水流出入口			C100 面色 C10
4.2.3	消失河段			C100 面色 C10
4.2.4	时令河 a. 不固定水涯线 （7—9）——有水月份			C100 面色 C10

（一）地物符号

地物在地形图上用统一规定的符号结合注记表示，这些规定的图形符号称为地物符号，它是构成地图的重要因素，是地图的语言，主要包括测量控制点、水系、居民地及设施、交通、管线、境界等。根据地物特性、用途、形状、大小和描绘方法的不同，地物符号分为比例符号、非比例符号、半比例符号。

1. 比例符号

地物依比例尺缩小后，其长度和宽度能依比例尺表示的地物符号，称为比例符号，如房屋、花园、草地等。比例符号能表示地物的位置、形状和大小。

2. 非比例符号

地物依比例尺缩小后，其长度和宽度不能用比例尺表示，需要在该符号旁标注符号长、宽尺寸值的地物符号称为非比例符号，如烟囱，窨井盖、测量控制点等。这些地物的轮廓较小，无法将其形状和大小按比例缩绘到图上，但地物又非常重要，因而采用非比例符号表示。非比例符号只表示地物的中心位置，而不能反映地物的实际大小。

3. 半比例符号

地物比例尺缩小后，其长度能按比例尺表示而宽度不能按比例尺表示，需要在该符号旁标注宽度尺寸值的地物符号称为半比例符号。半比例符号一般用来表示线状地物，因此也称为线性符号，例如管线、公路、铁路、河流、围墙、通信线路等带状狭长地物。半比例符号的中心线代表地物的中心线位置。

（二）注记符号

用文字、数字或特有符号对地物加以说明的地形图符号称为注记符号，如城镇、工厂、河流、道路的名称，桥梁的长宽及载重量，江河的流向、流速及深度，道路的去向及森林、果树的类别等。

（三）地貌符号

在地形图中，常用等高线表示地貌。等高线不仅能表示出地面的起伏形态，也能反映出地面坡度和高程。对于不便用等高线表示的特殊地貌，如峭壁、梯田等，可用相应的地貌符号来表示。

1. 等高线

等高线就是将地面上高程相等的相邻点连接起来的闭合曲线。如图 7-3 所示，假设地面被一组高程间隔大小为 10m 的水平面所截，那么三条截线就是高程分别为 80m、90m、100m 的等高线。将各水平面上的等高线沿铅垂方向投影到一个水平面上，并按一定的比例尺缩绘到图纸上，就得到用

等高线

等高线表示的地貌图。这些等高线的形状由地面高低起伏的状态决定，具有一定的立体感。

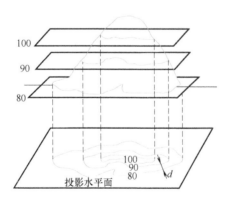

图 7-3　用等高线表示地貌

2. 等高距和等高线平距

相邻两条等高线的高差称为等高距，亦称等高线间隔，用 h 表示。同一幅地形图内，等高距相等。相邻等高线间的水平距离称为等高线平距，用 d 表示。等高距 h 与等高线平距 d 的比值就是地面坡度 i，即

$$i = \frac{h}{D} = \frac{h}{d \times M} \tag{7-2}$$

由该式可知，i 越大，等高线平距越小，坡度越陡；i 越小，等高线平距越大，坡度

越缓。

为了使用方便，在同一个测区内只能采用一种等高距，而等高距的选择在工程上具有重要意义。若选择的等高距过大，则不能精确地表示地貌的形状；若等高距过小，虽能较精确地表示地貌，但会增大工作量，而且会降低图的清晰度，影响地形图的使用。因此，在选择等高距时，应结合图的用途、比例尺以及测区地形坡度的大小等多种因素综合考虑。

3. 几种基本地貌的等高线

地貌形态各异，但不外乎由山丘、洼地、平原、山脊、山谷、鞍部等几种基本地貌所组成。掌握了这些基本地貌等高线的特点，就能比较容易地根据地形图上的等高线辨别该地区的地面起伏状态，或是根据地形测绘地形图。

（1）山丘和洼地

四周低下而中部隆起的地貌称为山，矮而小的山称为山丘；四周高而中间低的地貌称为盆地，面积小者称为洼地。山丘和洼地的等高线都是一组闭合曲线。如图7-4所示，山丘内圈等高线高程大于外圈等高线的高程；洼地则相反。

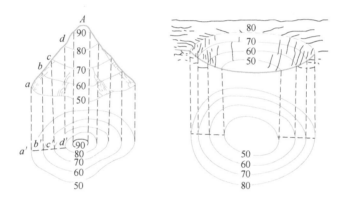

图7-4　山丘与洼地

（2）山脊和山谷

山脊是山体延伸的最高棱线，山脊上最高点的连线称山脊线，又称分水线。山谷是山体延伸的最低棱线，山谷内最低点的连线称山谷线，又称集水线。如图7-5所示，山脊等高线为一组凸向低处的曲线；山谷等高线为一组凸向高处的曲线。山脊线与山谷线统称为地性线，与等高线正交。

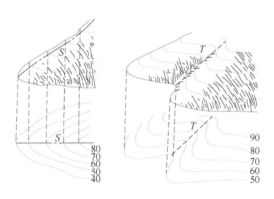

图7-5　山脊与山谷

（3）鞍部

山脊上相邻两山顶间形如马鞍状的低凹部分称为鞍部。如图 7-6 所示，鞍部的等高线由两组相对的山脊等高线和山谷等高线组成，形如两组双曲线簇。

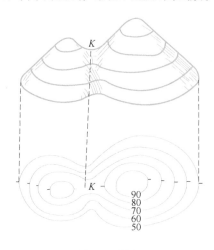

图 7-6　鞍部

（4）峭壁和悬崖

峭壁是近于垂直的陡坡，此处不同高程的等高线投影后互相重合，如图 7-7 所示。如果峭壁的上部向前凸出，中间凹进去，就形成悬崖；悬崖凸出部位的等高线与凹进部位的等高线彼此相交，而凹进部位用虚线勾绘。

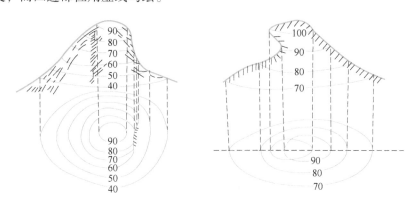

图 7-7　峭壁和悬崖

基本地貌形态及其相应的等高线如图 7-8 所示。

4. 等高线的种类

（1）首曲线

在地形图上按基本等高距勾绘的等高线称为基本等高线，亦称首曲线。首曲线用线宽为 0.15mm 的细实线表示，如图 7-9 所示。

（2）计曲线

为了识图方便，由起点起算，每隔四条基本等高线绘一条加粗的等高线，称为计曲线。计曲线的线宽为 0.3mm，其上注有高程值，是辨认等高线高程的依据，如图 7-9 所示。

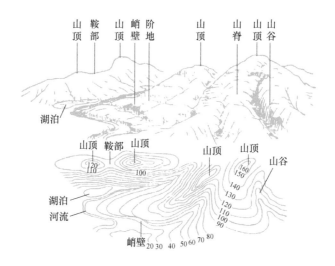

图 7-8 典型地貌

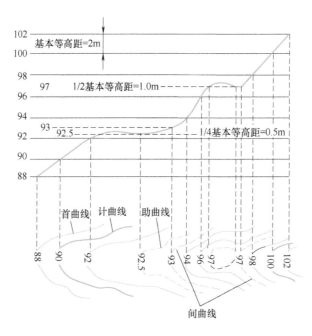

图 7-9 等高线的分类

（3）间曲线

按二分之一基本等高距而绘制的等高线称为间曲线，用长虚线表示，如图 7-9 所示。

（4）助曲线

按四分之一基本等高距而绘制的等高线称为助曲线，用短虚线表示，如图 7-9 所示。

间曲线和助曲线用于首曲线难以表示的重要而较小的地貌形态。间曲线或助曲线表示局部地势的微小变化，所以在描绘时均可不闭合。

5. 等高线的特性

综上所述，等高线具有以下特征。

1）在同一等高线上，各点的高程相等。

2）等高线是自行闭合的曲线，如不在本图幅闭合，则必在相邻图幅内闭合。

3）除悬崖、峭壁外，不同高程的等高线不能相交。

4）等高线间的平距越小，则坡度越陡，平距越大，则越平缓，各等高线间的平距相同则表示匀坡。

5）等高线通过山脊和山谷时改变方向，且在变向处与山脊线或山谷线垂直相交。

任务二　地形图测绘

任务背景

反映地球表面形态和面貌的地形图是相当复杂的。不论是地形起伏变化的山区，还是河流湖塘水网密集的水乡平原，图上各种各样的地貌和地物符号都要准确地反映地面的实际情况。它们是怎样测绘出来的呢？

任务描述

使用经纬仪进行地形图测绘。

知识链接

一、测图前准备工作

测图前的准备工作主要包括：踏勘了解测区，抄录相关测区的控制点坐标（包括给定坐标以及每组人员所加密控制点坐标），了解点位标志完好程度，确认是否覆盖整个测区；准备工具材料，制定测图技术方案，在图上绘制坐标格网、图廓线，展绘控制点。

1. 搜集资料与现场踏勘

（1）搜集资料

在测图前，应收集测区已有地形图及各种成果资料，例如已有地形图的测绘日期、使用的坐标系统、相邻图幅名与相邻图幅控制点资料等。另外，还应收集测区附近的高级控制点资料，包括点数、等级、坐标系统、坐标及控制点的点之记等。

（2）现场踏勘

现场踏勘是到现场了解测区位置，地物地貌，交通及人文、气象、居民地分布等情况，并根据收集到的点之记找到测量控制点的实地位置，确定控制点的可靠性和可使用性。

收集资料与现场踏勘后，制定图根点控制测量方案的初步意见。

2. 制定测图技术方案

根据测区地形特点及测量规范要求，确定单位面积内图根控制点的数目和图根控制的形式及其观测方法。各种比例尺测图的控制点密度要求取决于地形复杂程度和隐蔽状况。在一般平坦开阔地区，对于 1∶2000 比例尺测图，每平方千米应不少于 15 个图根控制点；对于 1∶1000 比例尺测图，应不少于 50 个点；对于 1∶500 比例尺测图，应不少于 150 个；对于地形复杂以及城镇建筑区，图根控制点的密度应适当加大。

制定技术方案时，应包含测图精度估算、测图中特殊地段的处理方法及作业方式、人员、仪器准备、工序、时间等内容。

3. 图根控制测量

在图根控制测量的外业和内业结束后，应编制控制点成果表，以便在展绘控制点和测图时查阅。

4. 图纸准备

地形图的测绘一般是在野外边测边绘，因此测图前应先准备图纸，包括在图纸上绘制图廓和坐标格网，并展绘好各类控制点。

（1）准备图纸（一般选用一面打毛的乳白色半透明聚酯薄膜图纸）

由于测绘地形图时是将地形情况按比例缩绘在图纸上，使用地形图时也是按比例在图上量出相应地物之间的关系，因此测图用纸的质量要高，伸缩性要小，否则图纸的变形就会使图上地物、地貌及其相互位置产生变形。现在，测图多用厚度 0.07~0.10mm、经过热定型处理、变形率小于 0.2% 的聚酯薄膜图纸，其主要优点是透明度好，伸缩性小，不怕潮湿和牢固耐用，并可直接在底图上着墨复晒蓝图，加快出图速度。缺点是易燃，折痕不能消失等。聚酯薄膜是半透明的，测图前在它与测图板之间应衬以白纸或硬胶板。若没有聚酯薄膜，应选用优质绘图纸测图。

（2）绘制坐标格网

为将各种控制点根据其平面直角坐标值 x、y 展绘在图纸上，可以到测绘仪器用品商店购买印制好坐标格网的图纸，也可在图纸上先绘出 10cm×10cm 正方形格网，作为坐标格网（又称方格网）。例如 1∶500 地形图，10cm 代表实际距离 50m。坐标格网可使用精确直尺按对角线法绘制，如图 7-10 所示。

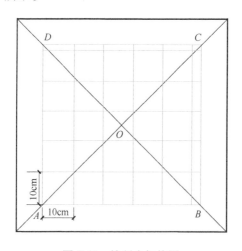

图 7-10　绘制坐标格网

坐标格网绘成后，应立即进行检查，各方格网实际长度与名义长度之差不应超过

0.2mm，图廓对角线长度与理论长度之差不应超过 0.3mm。如超过限差，应重新绘制。

（3）展绘控制点

在坐标格网绘制并检查合格后，根据图幅在测区内的位置，确定坐标格网左下角坐标值，并将此值注记在内图廓与外图廓之间所对应的坐标格网处，如图 7-11 所示。

手工展绘控制点时，先确定所要展绘的控制点在该方格内的位置。如图 7-11 所示，控制点 3 的坐标为：$x=778.529$m，$y=722.449$m，根据方格网所注的坐标值，确定控制点 3 在方格 $lmnp$ 内，离 pn 线 78.529m，离 pl 线 22.449m，按比例尺由 p、n 点向上截取 78.529m，得 a、b 两点；按比例尺由 p、l 点向右截取 22.449m，得 t、k 两点；分别连接 a、b 和 t、k，其交点就是控制点 3 的位置。同法展绘其他控制点。待全部控制点展绘后，要用比例尺在图纸上量取相邻控制点间的距离，其与图纸上相邻两点的实际距离的偏差允许值为 0.3mm，对超过限差的控制点应重新展绘。

展绘完控制点平面位置并检查合格后，擦去图幅内的多余线条，图纸上只留下图廓线四角坐标、图号、比例尺以及方格网十字交叉点处 5mm 长的相互垂直短线。按图式要求标注控制点的点号和高程，如图 7-11 所示。

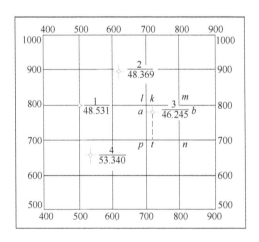

图 7-11　控制点展绘

二、地形图测绘

地形图测绘亦称碎部测量，即以图根点（控制点）为测站，测定出测站周围碎部点的平面位置和高程，并按比例缩绘于图纸上的技术过程。地形图测绘分为测量和绘图两大步骤。

1. 碎部点的概念

碎部点也叫碎部特征点，包括地物特征点和地貌特征点。

地物特征点是指能够代表地物平面位置，反映地物形状、性质的特殊点位，简称地物点（图 7-12）。地物点包括：地物轮廓线的转折、交叉和弯曲等变化处的点；地物的形象中心，比如路线中心的交叉点、电力线的走向中心；独立地物的中心点等。

地貌特征点（图 7-13）是指体现地貌形态，反映地貌性质的特殊点位，即地面坡度变化的点，简称地貌点，如山顶、鞍部、变坡点、地性线、山脊点和山谷点等。

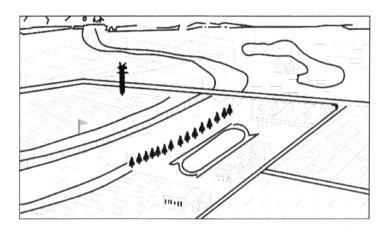

图 7-12　地物特征点

图 7-13　地貌特征点

2. 测定碎部点的位置

碎部点的正确选择是保证成图质量和提高测图效率的关键。碎部应尽量选在地物、地貌的特征点上。

测量地貌时，碎部点就选择在最能反映地貌特征的山脊线、山谷线等地性线上，根据这些特征点的高程勾绘等高线，就能得到与地貌最为相似的图形。

测量地物时，碎部点应选择在地物轮廓线上的转折点、交叉点、弯曲点及独立地物的中心点等，如房的角点、道路的转折点、交叉点等。这些点测定之后，将它们连接起来，即可得到与地面物体相似的轮廓图形。由于地物的形状极不规则，因此一般规定主要地物凹凸部分在图上大于 0.4mm 的均应表示出来；在地形图上小于 0.4mm 的，可用直线连接。

水平距离和水平角是确定碎部点平面位置的两个基本量。碎部点平面位置的测定就是测出碎部点与已知点间的水平距离以及与已知方向间的水平角。碎部点高程可用水准测量或三角高程测量等测定。在经纬仪测图中，通常以视距法测量碎部点至测站的水平距离，利用视距测量的公式计算碎部点的高程。

依据所使用的仪器及操作方法不同，大比例尺地形图的常规测绘方法有经纬仪测绘法、小（大）平板仪测绘法、经纬仪与小平板仪联合测绘法等。其中，经纬仪测绘法操作简单、灵活，适用于各种类型的地区。这里主要介绍经纬仪测绘法。

经纬仪测绘法（图7-14）的基本原理是在图根点上安置经纬仪，测定碎部点的平面位置和高程。平面位置的确定用极坐标法，水平距离和高差测量用视距法。然后，根据测量数据用半圆仪在图板上按极坐标原理确定地面点位，并注记高程，对照实地勾绘地形。下面具体介绍一个测站的工作步骤。

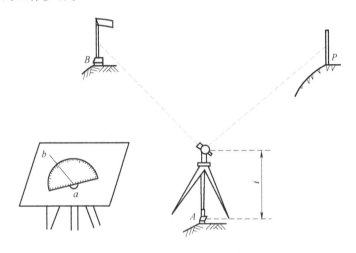

图 7-14　经纬仪测绘法示意图

（1）安置仪器与后视定向

在测站点 A 上安置经纬仪（包括对中、整平），仪器对中的偏差不应大于5mm。量取仪器高，精确到1mm。用望远镜瞄准另一图根点 B 作为起始方向，并使水平度盘读数为 $0°00'00''$。为防止出错，要用视距法检查测站到后视点的平距和高差。

在经纬仪的附近摆放图板，图板的方向应使图上地物与实际地物的方位大致相同，以便对照实地绘图。连接图纸上相应控制 a、b，并适当延长，得图纸上起始方向线 ab。然后，用小针通过量角器将圆心的小孔插在 a 点，使量角器原心固定在 a 点上。

（2）立尺

立尺员将标尺依次立在地物或地貌特征点上，如图7-14中的 P 点。立尺前，根据测区范围和实地情况，立尺员、观测员与测绘员共同商定跑尺路线，选定立尺点，做到不漏点、不废点，同时立尺员在现场应绘制地形点草图，对各种地物、地貌应分别指定代码，供绘图员参考。

（3）观测与记录

以顺时针方向依次瞄准各立尺点，读记水平角、视距和竖直角。按顺序算出立尺点的水平距离和高程。

（4）展绘碎部点

如图7-14所示，将量角器底边中央小孔精确对准图上测站 a 点处，并用小针穿过小孔，固定量角器圆心位置。转动量角器，使量角器上等于 β 角值的刻划线对准图上的起始方向 ab（相当于实地的零方向 AB），此时量角器的零方向即为碎部点 P 的方向。根据测图比例尺按所测得的水平距离 D 在该方向上定出点 P 的位置，并在点的右侧注明其高程。地形图上高程点的注记，字头应朝北。

（5）绘制地形图

根据测绘于小平板上的地形点描绘地物、地貌。

📋 任务实施

一、任务组织

1）建议 4~6 人为一组，明确职责和任务，组长负责协调组内测量分工。人员分工是 1 人观测、1 人绘图、1 人记录和计算、2 人跑尺。每人测绘数点后，再交换工作。

2）实训设备：经纬仪 1 台、三脚架 1 副、水准尺 1 对、小平板仪 1 套、量角器 1 个、记录板 1 块、花杆 2 根、实训记录表（按需领取）、铅笔、橡皮等。

二、实施过程

1. 控制点的选取

根据教师所划定的测区范围在合适位置选取 3~4 个已知控制点，如控制点 A、B、C、D 等。

2. 安置仪器

在选定的测站上安置经纬仪，量取仪器高，并在经纬仪旁边架设小平板（图纸已裱糊在小平板上）。

3. 后视定向

用经纬仪盘左瞄准其中一个控制点，如控制点 B，并将度盘置零。用大头针将量角器中心与小平板图纸上已展绘出的该测站点固连（如控制点 A）。选择好起始方向（另一控制点 B）并标注在小平板的格网图纸上。

4. 立尺

立尺员把塔尺立到地形、地貌特征点上。

5. 观测、记录与计算

瞄准碎部点 1 的塔尺，分别读取上下丝之差、中丝读数、竖盘读数 L、水平角 β，分别填入表 7-4 中。算出视距，并用视距和竖直角计算高差和平距，同时根据测站点的假定高程计算出此地形点的高程。

6. 展绘碎部点

绘图人员用量角器从起始方向量取水平角，定出方向线，在此方向线上依测图比例尺量取平距，所得点位就是把该地形点按比例尺测绘到图纸上的点，然后在点的右旁标注其高程。

7. 绘制地形图

用同样的方法，可将其他地形特征点测绘到图纸上。将展绘出来的各碎部点根据实际地形进行连接，并勾绘等高线。

三、实训记录（表 7-4）

表 7-4　经纬仪碎部测量记录手簿

组别_____　　仪器型号_____　　天气_____　　日期_____　　测区_____

测站：　　　　　后视点：　　　　　仪器高：　　　　　测站高程：

点号	尺间距/m	中丝读数/m	竖盘读数 ° ′ ″	竖直角 ° ′ ″	水平角 ° ′ ″	水平距离/m	高程/m	附注

四、实训注意事项

1）起始方向选好后，经纬仪在此方向上要严格设置成 0°00′00″。观测期间要经常进行检查，发现问题及时纠正或重测。

2）在读竖盘读数时，要使竖盘指标管水准器气泡居中并应注意修正，因为竖盘指标差对竖直角有影响。

3）观测过程中，若发现仪器被碰到，要立即检查是否对中，气泡是否居中。若有不对中或气泡不居中的情况，应重新进行后视定向。

4）记录员听到观测员读数后必须向观测员汇报，经观测员确认后方可记入手簿，以防听错或记错。数据记录应字迹清晰，不得涂改。

5）测图过程中，应经常检查已知点坐标，每站测图结束前应注意检查已知点坐标。

6）一个测站工作结束时，要检查有无遗漏、测错，并将图上的房屋、道路及地性线等与实地对照，以便修正。

7）仪器搬到新站后，先检查前一站所测的个别明显地物，若相差较大，必须查明原因，予以纠正。

8）遵守"看不清不绘"的原则，做到随观测、随展点、随绘图。

 任务评价

本次任务的任务评价见表 7-5。

表 7-5 地形图测绘任务评价

实训项目						
小组编号		学生姓名				
序号	考核项目	分值	实训要求		自我评定	教师评价
1	外业测量	30	经纬仪安置不正确，一次扣 5 分；碎部点选取不合理，一次扣 2 分；碎部点密度不合适，扣 2 分；后视定向操作不正确，一次扣 5 分			
2	实训记录	20	数据记录不清晰，一次扣 1 分；转抄、涂改等，一次扣 5 分；计算错误，一次扣 2 分			
3	地形图绘制	30	碎部点展绘不正确，一次扣 2 分；图面不清晰扣 10 分；等高线绘制不正确扣 10 分			
4	实训纪律	10	遵守课堂纪律，动作规范，无事故发生			
5	团队协作能力	10	服从安排，吃苦耐劳，配合其他人员工作，文明作业			

小组其他成员评价得分：_____、_____、_____、_____、_____

实训总结与反思：

任务三　全站仪与 RTK 数字测图

任务背景

广义的数字测图包括：利用全站仪或其他测量仪器进行野外数字测图，利用数字仪器对纸质地形图的数字化，利用航摄、遥感像片进行数字测图等技术。

使用全站仪与 RTK 进行野外数字测图。

知识链接

一、数字测图的原理

数字测图的原理是用全站仪和 RTK 仪器在野外采集碎部点的坐标和高程等数据，直接保存在全站仪和 RTK 电子手簿的内存中，再通过传输设备，把野外观测数据输入计算机，经过整理编辑在计算机上绘出地形图。为了更好地协调全站仪测量和计算机绘图工作，提高工作效率，具体的操作步骤和方法有所不同。

全站仪数字测图的实质是解析法测图，即将地形图信息通过全站仪转化为数字输入计算机，以数字形式存储在存储器（数据库）中，形成数字地形图。

数字测图可以分为数据采集、数据处理和地形图输出三个阶段。具体过程是通过野外或室内电子测量仪器来获取数据，将这些数据按照计算机能够接受和应用程序所规定的格式记录，再将采集的数据转换为地图数据，借助计算机软件在人机交互方式下进行图形编辑，生成绘图文件，最后由绘图仪绘制大比例尺地形图等。

与常规的经纬仪白纸测图相比较，全站仪数字测图具有以下特点。

1）自动化程度高。数据成果易于存取，便于管理。

2）精度高。地形测图和图根加密可同时进行，地形点到测站点的距离可比常规测图长。

3）无缝接图。数字测图不受图幅的限制，作业小组的任务可按照河流、道路的自然分界来划分，便于地形图的施测，也减少了很多常规测图的接边问题。

4）便于使用。数字地形图不是依某一固定比例尺和固定的图幅大小来储存一幅图，而是以数字形式储存的数字地图。根据用户的需要，在一定比例尺范围内可以输出不同比例尺和不同图幅大小的地形图。

5）数字测图的立尺位置选择更为重要。数字测图按点的坐标绘制地形符号，要绘制地物轮廓就必须有全部特征点的坐标。在常规测图中，作业人员可以对照实地用简单的几何作图方法绘制一些规则地物轮廓，用目测法绘制细小的地物和地貌形状，而数字测图则需要对表示的细部进行立尺测量。因此，数字测图直接测量地形点的数目比常规测图有所增加。

二、全站仪数字测图的作业过程

全站仪测量法是当前测绘大比例尺地形图的主要方法之一。根据提供图形信息码的方式不同，全站仪野外数据采集的工作程序又分为三种：草图法、简码法和电子平板法。

1. 草图法

草图法是在观测碎部点时绘制工作草图，在工作草图上记录地形要素名称、碎部点连接关系，然后在室内将碎部点显示在计算机屏幕上，根据工作草图，采用人机交互方式连接碎部点，输入图形信息码并生成图形。具体操作如下。

（1）安置仪器

观测员在测站上安置仪器，对中、整平，量取仪器高。

（2）测站设置

启动全站仪，进入数据采集状态，选择保存数据的文件；进行测站设置，输入测站点坐标、高程、仪器高；进行后视定向，输入定向点坐标，照准定向点完成定向工作。

为确保设站和定向无误，可选择其他已知点检核坐标和高程是否正确。若差值在规定的范围内，即可开始采集数据，不通过检核则不能继续测量。

（3）跑尺及观测、绘制草图

立镜员先对测站周围的地形、地物分布情况大概看一遍，认清方向，确定大概的测绘线路，然后开始跑点。每观测一个点，观测员都要核对观测点的点号和镜高，然后把观测结果存入全站仪的内存中。测站与测点两处作业人员必须时时联络。每观测完一点，观测员要告知绘草图者被测点的点号，以便及时对照全站仪内存中记录的点号和绘草图者标注的点号，保证两者一致；若两者不一致，应查找原因，是漏标点还是多标点，或重复测一个位置等，必须及时更正。外业草图如图 7-15 所示。

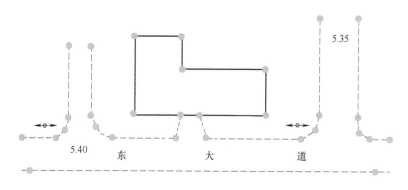

图 7-15　外业草图

绘草图人员把所测点的属性及连接关系在草图上反映出来，以供内业处理、图形编辑时用。需要注意的是，在野外采集时，能测到的点要尽量测，实在测不到的点可利用皮尺或钢尺量距，将丈量结果记录在草图上，室内用交互编辑方法成图。

在进行地貌采点时，可以用一站多镜的方法进行。一般在地性线上要有足够密度的点，特征点也要尽量测到。例如在山坡底测一排点，也应该在山坡顶再测一排点，这样生成的等高线才真实。测量陡坎时，最好在坎上、坎下同时测点，这样生成的等高线才没有问题。在其他地形变化不大的地方，可以适当放宽采点密度，但一般不要大于图上 2cm 的间隔。立镜点的密度应满足要绘图要求，同时应符合表 7-6 的规定。

表 7-6　地形点的平均间距

比例尺	1：500	1：1000	1：2000
地形点平均间距/m	25	50	100

在一个测站上，当所有的碎部点测完后，要找一个已知点重测进行检核，以检查施测过

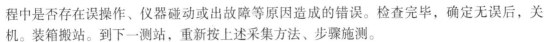

程中是否存在误操作、仪器碰动或出故障等原因造成的错误。检查完毕，确定无误后，关机。装箱搬站。到下一测站，重新按上述采集方法、步骤施测。

用草图法施测时，作业人员一般配置 3~5 人，其中观测员 1 人，立镜员 1~3 人，绘草图员 1 人。绘草图员负责画草图和室内成图，是核心成员。特殊情况下，作业组最少人员配置为 2 人，其中观测员 1 人，立镜员 1 人，立镜员同时负责画草图以及内业成图。一般外业 1 天，内业 1 天，如果任务紧，则白天进行外业测量，晚上进行内业成图。

需要注意的是，绘草图员必须与测站保持良好的通信联系（可通过对讲机），使草图上的点号与手簿上的点号一致。

2. 简码法

此种工作方式也称作带简编码格式的坐标数据文件自动绘图方式。与草图法在野外测量时不同的是，利用简码法每测一个地物点时都要在全站仪上输入地物点的简编码，无须绘制草图。简编码一般由一位字母和一或两位数字构成，由描述实体属性的野外地物码和一些描述连接关系的野外连接码组成。

用简码法采集的数据既有点位信息，又有地物属性和连接信息，计算机可自动识别和绘出图形，因此可加快内业成图的速度。但简码法需要在外业观测时逐点输入一些代码，增加了观测人员的工作量和作业时间，并且要求作业人员熟记代码及其规则。简码法一般为专业地形图测绘人员使用，在此不做详细介绍。

3. 电子平板法

电子平板法是采用笔记本计算机或掌上计算机作为野外数据采集记录器，可以在观测碎部点之后，对照实际地形输入图形信息码和生成图形。利用计算机将测区的已知控制点及测站点的坐标传输到全站仪的内存中，或手工输入控制点及测站点的坐标到全站仪的内存中。在测站点上架好仪器，并把笔记本计算机或掌上计算机与全站仪用相应的电缆连接好，开机后进入测图系统，设置全站仪的通信参数，选定所使用的全站仪类型；分别在全站仪和笔记本计算机或掌上计算机上完成测站、定向点的设置工作。全站仪照准碎部点，利用计算机控制全站仪的测角和测距，每测完一个点，屏幕上都会及时展绘显示出来。根据被测点的类型，在测图系统上找到相应的操作，将被测点绘制出来，现场成图。

用电子平板法施测时，作业人员一般配置为 3~5 人，其中观测员 1 人，电子平板（笔记本计算机或掌上计算机）操作人员 1 人，立镜员 1~3 人。特殊情况下，作业组最少人员配置为 2 人：观测员 1 人，同时负责操作计算机；立镜员 1 人。用电子平板测图，从人员组织到各种测量方法的自动解算和现场自动成图，真正做到内外业一体化，测图的质量和效率都超过传统的人工白纸测图。

三、RTK 数字测图

RTK 数字测图，是用 GNSS 接收机测量地物和地貌碎部点的坐标和高程。RTK 数字测图的基本测量步骤与方法，包括准备工作、新建项目、基准站架设与设置（网络 RTK 作业模式无需此操作）、手簿连接移动站并进行设置、获取测区坐标转换参数、利用已有控制点进行检核等。上述工作完成后，即可进行碎部点坐标采集。它可以单人完成外业测量，因此工作效率更高，是常规数字测图的首选方法。

RTK 测图的具体步骤如下。

1. 设置基准站

架设基准站，把基准站的机头架设在三脚架上，然后把发射天线、电台和蓄电池连接好。打开主机电源，机头的基准站状态是红灯在中间的灯上；然后看电台的发射信号灯是否正常，查看电台通道（手簿上的电台通道必须要和电台的电台通道一致才可以接收到信号，达到固定解）。若电台正常发射电台信号，则表明基准站架设完成。

2. 设置移动站

手簿要和移动站连接。打开移动站和手簿，点开手簿蓝牙，搜索移动站串号与移动站配对（记清楚配对的 COM 口是多少）；然后打开工程之星（测绘软件），"配置"里面的 COM 口设置和蓝牙里面的必须一样；单击"连接"或"确定"连接到移动站，看是否收到电台信号（在电台信号一致的情况下），若移动站达到固定解，则表明移动站设置完毕。

3. 新建工程

新建工程文件（若还是用上次的工程，这里不必新建，只需打开以前的工程即可），选择坐标系（必须和设计单位的坐标系一致），填好当地工作地点的中央子午线，然后单击"确定"，工程建立完毕。

4. 求转换参数

设点 KZ_1 和点 KZ_2（在自定义坐标系中为 KZ_1 和 KZ_2，在 WGS84 坐标系下坐标为 K_1 和 K_2）。

1）打开"输入"→"坐标管理库"→"增加平面点坐标"，输入"KZ_1"和"KZ_2"。

2）打开"测量"→"点测量"，在 KZ_1 和 KZ_2 上分别进行测量，保存为"K_1"和"K_2"。

3）打开"输入"→"求转换参数"，单击"增加"。第一步，从坐标库中选择"KZ_1"，单击"确定"；第二步，选择"从坐标管理库选点"，选择"K_1"，单击"确定"。

4）重复上一步骤，单击"增加"。第一步，从坐标库中选择"KZ_2"，单击"确定"；第二步，选择"从坐标管理库选点"，选择"K_2"，单击"确定"。

5）单击"保存"，任意输入文件名。

6）单击"应用"，提示"确定将求出的坐标转换参数赋值给当前工程吗？"单击"是"。

5. 点放样测量

找一个控制点检验一下，没有问题即可开始工作。以后在同一地点工作即可打开相应的参数文件，做一个点校正即可（注意：基准站每关机一次就必须做一次点校正）。检查无误即可进 RTK 测量。单击"测量"→"点测量"，找到需要测量的点，对中杆水平后在手簿上单击"测量"即可。

 任务实施

一、任务组织

1）建议 4~6 人为一组，明确职责和任务，组长负责协调组内测量分工。

2）实训设备：全站仪 1 套、棱镜及对中杆 1 套、计算机 1 台、绘图仪 1 台、图纸若干、记录板 1 块、实训记录表（按需领取）、铅笔、橡皮等。

二、实施过程

1. 安置仪器

在控制点上安置全站仪，检查中心连接螺旋是否旋紧，对中、整平，仪器对中的偏差不应大于 5mm。量取仪器高，精确到 1mm。

2. 测站设置

在全站仪上输入正确的棱镜常数、温度和气压，然后进入坐标测量模式或者数据采集模式，进行测站设置。输入测站点的已知坐标和高程，以及仪器高和棱镜高。

3. 定向

盘左瞄准另一较远的控制点，该点称为定向点或后视点。输入该点坐标，瞄准定向点后按"确定"即完成定向。以另一个已知控制点进行检核，坐标偏差不大于 $0.2 \times M$（mm），M 为测图比例尺分母，高程偏差不应大于 1/5 基本等高距。

4. 立镜

立镜员依次将棱镜立在地物或地貌的特征点上，立镜点力求做到不漏点、不废点、一点多用、布点均匀。

5. 测量碎部点坐标

仪器定向后，即可进入"测量"状态。输入所测碎部点点号、编码、镜高后，精确瞄准竖立在碎部点上的反光镜，按"坐标"键，仪器即测量出棱镜点的坐标，并将测量结果保存到前面输入的坐标文件中，同时将碎部点点号自动加 1 返回"测量"状态。输入编码、镜高，瞄准第 2 个碎部点上的反光镜，按"坐标"键，仪器又测量出第 2 个棱镜点的坐标，并将测量结果保存到前面的坐标文件中。按此方法，可以测量并保存其后所测碎部点的三维坐标。

注意：如果棱镜高度有变化，应通知观测员输入新的棱镜高度，否则高程不正确。

6. 记录

将每个碎部点所测得的数据，依次记入表 7-7 中（如采用的是数据采集程序，可由全站仪自动保存）。对于特殊的碎部点，还应在备注栏中加以说明，如山顶、鞍部、房角、道路交叉口、消防栓和电杆等，以备查用。

当图根点的密度不够时，可在现场增补测站点，以满足测图需要。常用的增补方法是布设一条边的支导线，从图根点测定支导线点（简称支点）的坐标和高程。仪器搬到支点，后视定向后，检查坐标和高程的误差。

7. 传输碎部点坐标

完成外业数据采集后，使用通信电缆将全站仪与计算机的 COM 口连接好，启动通信软件，设置好与全站仪一致的通信参数后，执行下拉菜单"通讯"→"下传数据"命令；在全站仪上的"内存管理"菜单中，选择"数据传输"选项，根据提示顺序选择"发送数据"→"坐标数据"并选择文件，然后在全站仪上选择"确认发送"，再在通信软件的提示对话框中单击"确定"，即可将采集到的碎部点坐标数据发送到通信软件的文本区。

8. 格式转换

将保存的数据文件转换为成图软件（如 CASS）的坐标文件格式。执行下拉菜单"数据"→"读全站仪数据"命令，在"全站仪内存数据转换"对话框的"全站仪内存文件"中输入需要转换的数据文件名和路径，在"CASS坐标文件"文本框中输入转换后保存的数据文件名和路径。这两个数据文件名和路径均可以单击"选择文件"，在弹出的标准文件对话框中输入。单击"转换"，即完成数据文件格式转换。

9. 展绘碎部点、成图

执行下拉菜单"绘图处理"→"定显示区"，确定绘图区域；执行下拉菜单"绘图处理"→"展野外测点点位"，即在绘图区得到展绘好的碎部点点位，结合野外绘制的草图绘制地物；再执行下拉菜单"绘图处理"→"展高程点"。经过对所测地形图进行屏幕显示，在人机交互方式下进行绘图处理、图形编辑、修改、整饰，最后形成数字地图的图形文件，通过自动绘图仪绘制地形图。

三、实训记录（表 7-7）

表 7-7　数字地形测量记录

日期：___年___月___日　　　天气：_____　　　观测者：_____

仪器型号：_____　　　班组：_____　　　记录者：_____

点号	代码	X坐标/m	Y坐标/m	高程H/m	备注

四、实训注意事项

1）控制点数据由指导教师统一提供。

2）在作业前应做好准备工作，全站仪的电池、备用电池均应充足电。

3）用电缆连接全站仪和计算机时，应选择与全站仪型号相匹配的电缆，小心稳妥地连接。

4）外业数据采集时，记录及草图绘制应清晰、信息齐全。不仅要记录观测值及测站有关数据，同时还要记录编码、点号、连接点和连接线等信息，以方便绘图。

5）测图过程中，应经常检查已知点坐标，每站测图结束前应注意检查已知点坐标。

6）一个测站工作结束时，要检查有无遗漏、测错，并将图上的房屋、道路及地性线等与实地对照，以便修正。

7）仪器搬到新站后，先检查前一站所测的个别明显地物。若相差较大，必须查明原因，予以纠正。

8）重要地物，如厂房角点、电视塔中心点、地下管线交叉点等，都应使用全站仪直接测定。

9）数据处理前，要熟悉所采用软件的工作环境及基本操作要求。

任务评价

本次任务的任务评价见表7-8。

表7-8　全站仪数字测图任务评价

实训项目					
小组编号		学生姓名			
序号	考核项目	分值	实训要求	自我评定	教师评价
1	外业测量	35	全站仪安置不正确，一次扣5分；碎部点选取不合理，一次扣2分；碎部点密度不合适，扣2分；后视定向操作不正确，一次扣5分		
2	实训记录	10	数据记录不清晰，一次扣1分；转抄、涂改等，一次扣5分；计算错误，一次扣2分		
3	地形图绘制	35	碎部点展绘不正确，连接关系不正确，一次扣2分；等高线绘制不正确扣10分		
4	实训纪律	10	遵守课堂纪律，动作规范，无事故发生		
5	团队协作能力	10	服从安排，吃苦耐劳，配合其他人员工作，文明作业		

小组其他成员评价得分：_____、_____、_____、_____

实训总结与反思：

任务四　无人机航测

任务背景

近年来，随着社会经济的不断发展，城镇建设正在发生着翻天覆地的变化，城镇规划、新农村建设、矿产资源开发、精准农业、智慧城市、土地权属核查等领域，对于地图数据的实时更新越来越迫切。采用 GPS、全站仪等设备测绘地形图，要先进行控制测量，再进行碎部测量，完成外业实地数据采集后，还需要进行内业绘图，最后编辑图形及输出图形。这种作业模式的共同点是：需要人员进行实地数据采集，对于人员不能到达的区域，就会出现较大的问题，且工作效率较低，成本较高。无人机航测是一种新型的获取地理信息的方式，相比于传统的测量测绘，可以用较少的时间和人力物力获取较高精度的外业数据，而且在小区域和飞行困难地区，高分辨率影像快速获取方面具有明显优势。无人机摄影测量已逐渐成为一项重要的测绘方法。

任务描述

学习无人机航测技术。

知识链接

一、无人机航测概述

无人机航测技术通过一套集成 RTK 定位模块，以及安全稳定的、适合恶劣天气作业的无人机飞行平台，搭载一台自带减震系统的、经反复科学试验优化参数的五镜头相机，拍摄高清影像，经过软件集群处理生成实景三维模型，在室内基于实景三维模型生成数字地图。其操作便捷、成本低、机动性强，可全方位、立体化还原地物特征，加快数据采集速度。

随着无人机与数码相机技术的发展，基于无人机平台的数字航摄技术已显示出其独特的优势，无人机与航空摄影测量相结合使得"无人机数字低空遥感"成为航空遥感领域的一个崭新发展方向。

二、无人机航测的特点

1. 快速反应

无人机航测通常低空飞行，空域申请便利，受气候条件影响较小。对起降场地的要求限制较小，可通过一段较为平整的路面实现起降。在获取航拍影像时不用考虑飞行员的飞行安全，对获取数据时的地理空域以及气象条件要求较低，能够解决人工探测无法达到的地区监测功能。升空准备时间短，操作简单，运输便利。车载系统可迅速到达作业区附近设站，根据任务要求每天可获取数十至两百平方公里的航测结果。

2. 时效性、性价比高

传统高分辨率卫星遥感数据一般会面临两个问题：第一是存档数据时效性差；第二是编程拍摄可以得到最新的影像，但一般时间较长，同样时效性相对也不高。无人机航测则可以较好地解决这一难题，工作组可随时出发，随时拍摄，相比卫星和有人机测绘，可做到短时间内快速完成，及时提供用户所需成果，且价格具有相当的优势。

3. 监控区域受限制小

我国面积辽阔，地形和气候复杂，很多区域常年受积雪、云层等因素影响，卫星遥感数据的采集受一定限制。传统的大飞机航飞国家有规定和限制，如航高大于5000m，这样就不可避免地存在云层的影响，妨碍成图质量。另外还有一定的危险，在边境地区也存在边防的问题。而无人小飞机就很好地解决了这些问题。不受航高限制，成像质量、精度都远远高于大飞机航拍。

4. 地表数据快速获取和建模能力

系统携带的数码相机、数字彩色航摄相机等设备可快速获取地表信息，获取超高分辨率数字影像和高精度定位数据，生成 DEM、三维正射影像图、三维景观模型、三维地表模型等二维、三维可视化数据，便于进行各类环境下应用系统的开发和应用。

三、无人机的构成

无人机系统一般由飞行系统、任务系统、地面控制站等几部分组成。

飞行系统是无人机系统的主体，由机身、飞行控制系统、动力装置构成。机身对整个系统起保护作用；动力装置提供飞行动力；飞行控制系统是整个飞行平台最重要的部分，主要由飞控电板、惯性导航系统、气压和空速传感器、GPS 接收机等几个部分组成。飞行控制系统能够按照提前规划好的线路控制飞机的飞行姿态，气压和空速传感器能够实时监测飞机的飞行速度和周围气压的情况，GPS 接收机和惯性导航系统能够提供曝光瞬间像片的位置信息和姿态参数。

任务系统是无人机作业的基础，民用无人机任务装置主要包括通信中继设备、红外遥感蔽障设备、航向规划设备等。

无人机地面控制站主要包括显示系统、控制系统和数据传输系统三部分。显示系统主要用来实时显示无人机的飞行状态、无人机 GPS 接收机锁定的卫星数量、云台角度和相机的曝光数量等参数；控制系统主要通过航向规划软件规划好飞行轨迹来控制飞机的飞行，或者通过控制台手动控制飞机的飞行；数据传输系统的主要作用是将无人机的各项飞行参数实时传送到控制系统中，控制系统通过数据传输线将数据传输到显示系统中。

四、无人机航测系统的组成

目前主流的无人机航测系统按照功能不同，可分为以下几个模块。

1）无人机飞控平台，用来搭载各种设备。不同的应用行业对续航能力有不同的要求。

2）动态差分 GNSS 接收机，用于确定扫描投影中心的空间位置。接收机通过接收卫星的数据，实时精确测定出设备的空间位置，再通过后处理技术与地面基站进行差分计算，精确计算出飞行轨迹。

3）姿态测量装置（IMU），用于测量扫描装置主光轴的空间姿态参数。该装置将接收到的 GNSS 数据经过处理，求得飞行运动的轨迹，根据轨迹的几何关系及变量参数，推算出未来的空中位置，从而测算出该测量系统的实时和将来的空间向量。由于在飞行过程中，飞机会受到一些外界因素的影响，实际轨迹由惯导装置测定，通过动力装置调整，使飞行精确按原轨迹运动，因此该系统也称为惯性导航系统。

4）激光扫描测距系统，用于测量传感器到地面点的距离。它的数据发射量和功率非常大，每秒最多可发射 12.5 万个激光点，测量距离为离地面 30～2500m。测量到地面的激光点密度最高可达 65 个/m²，正常飞行高度情况下（航高 800m），在植被比较茂密的地区也有一定量的激光点射到地面上。可利用专业软件对数据进行处理，辨别出地面点或是植被点等。

5）一套成像装置（主要是数码相机），用于获取对应地面的彩色数码影像，最终制作正射影像。采用高分辨率数码相机（2200 万像素），在 1000m 的飞行高度，影像地面分辨率可达到 250 像素。将影像与激光点数据整合处理后，可以得到依比例、带坐标和高程的正射影像图。在不同航高下，可以按需要得到 1∶250～1∶10000 不同比例尺的正射影像。

五、无人机航测在测量中的应用

随着无人机遥感技术的不断发展，它在影像获取方面应用非常广泛，特别是近年来，无人机航空摄影测量系统大量应用于大中比例尺地形图、地质灾害等航空摄影测量领域，为传统航空摄影测量提供了更有力的补充。以下简单列举几个方面的应用。

1. 在突发事件处理中的应用

在突发事件中，用常规的方法进行测绘地形图制作，往往达不到理想效果，且周期较长，无法实时进行监控。在 2008 年汶川地震救灾中，由于震灾区是在山区，且环境较为恶劣，天气比较多变，多以阴雨天为主，利用卫星遥感系统或载人航空遥感系统，无法及时获取灾区的实时地面影像，不便于及时进行救灾。而无人机的航空遥感系统则可以避免以上情况，迅速进入灾区，对震后的灾情调查、地质滑坡及泥石流等实施动态监测，并对汶川的道路损害及房屋坍塌情况进行有效的评估，为后续的灾区重建等工作提供了更有力的帮助。

2. 测绘生产

无人机遥感数据获取系统遵循航空摄影测量原理。基于高分辨率的航摄影像可制作出测绘所需的大比例尺数字正射影像图（DOM）、数字高程模型（DEM）和数字线划地图（DLG）。在大比例尺数字产品基础上进行制图，能够快速更新国家基本比例尺地形图（现阶段还只能生产出最大比例尺为 1∶2000 的 DLG）。该系统还能够服务于地籍测量等工作。

3. 土地开发整理

无人机遥感技术能够在土地开发整理的下述工作阶段中进行应用：利用无人机遥感系统获取的高清晰正射影像，不用到达现场就可以直观地确定项目区范围，保证选址踏勘的合理性，核实新增耕地的真实可靠性和有效性。该技术减少了繁重的外业踏勘工作量，节省了时间，提高了工作效率。

4. 新农村建设应用

新农村建设中的城市空间布局和基础设施建设与现有地理环境密切相关。基于农村范围的高清晰数字正射影像、数字高程模型、数字线划图，可以科学合理地解决新农村规划、居

民迁移、工程量计算、退耕还林等问题。

5. 在城市规划测量中的应用

无人机航测技术可以应用于大面积的项目测量工作。在城市规划时，需要了解到城市每一条街道和每一个街区居住的人群，以及其他方面的信息。在对城市地域进行规划时，全面掌握城市的人文地质现状是非常重要的。利用无人机航测技术对城市的地质环境进行系统的测绘，并根据测绘出的具体图像和坐标信息，在计算机系统的支持下，可以为城市规划人员构建一个虚拟的城市地质三维模型，以便工作人员直观有效地观察城市地质信息，从而科学长远地编制城市发展规划方案。

任务五 了解地形图的基本应用

任务背景

地形图详细如实地反映了地面上的地物分布、地形起伏及地貌特征等情况，是工程建设中必需的资料，在军事与国防建设中也是极为重要的资料。通过阅读地形图，可以了解到图内区域的地形变化、交通路线、河流方向、水源分布、居民点位置、人口密度及自然资源种类分布等情况。那么如何在地形图上正确读取路线长度、河流方向、居民点位置等信息呢?

任务描述

学习地形图的基本应用。

知识链接

一、确定图上任意一点的坐标

在图上求任一点的坐标可根据图上坐标格网的坐标值来进行。如图 7-16 所示，根据坐标格网的注记，可知 A 点的 x 坐标在 57100 与 57200 之间，y 坐标在 18100 与 18200 之间（根据格网坐标差可知该图比例尺为 1:1000）。通过 A 点作坐标格网的平行线 fe 和 gh，用比例尺量取长度 $eA=75.2$mm，$gA=60.4$mm，则

$$x_A=(57100+0.0752\times1000)\,\text{m}=57175.2\text{m}$$
$$y_A=(18100+0.0604\times1000)\,\text{m}=18160.4\text{m}$$

由于图纸可能有伸缩，因此还应量出 fe 和 gh 的长度。如果 fe 和 gh 的长度等于方格网的理论长度 ab（一般 $ab=100$mm），则说明图纸无伸缩；反之则必须考虑图纸伸缩的影响，可按下式计算 A 点的坐标为

$$x_A=\left(57100+\frac{100}{ab}\times eA\right)\text{m} \tag{7-3}$$

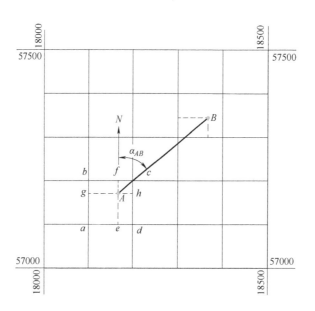

图 7-16   求图上任意一点的坐标

$$y_A = \left(57100 + \frac{100}{ab} \times gA\right) \text{m} \tag{7-4}$$

二、确定图上两点间的水平距离及方位角

如图 7-16 所示，可用比例尺来直接量取 AB 间的线段长度（即图上所量的长度乘以测图比例尺分母），并可用量角器来量出 AB 的方位角。

当精度要求较高时，需要考虑图纸伸缩的影响，可先从图上量测出 A 点和 B 点的坐标 x_A、y_A 和 x_B、y_B，然后用下式计算线段的长度 D_{AB}。

$$D_{AB} = \sqrt{(x_B - x_A)^2 + (y_B - y_A)^2} \tag{7-5}$$

直线 AB 的方位角可用下式计算

$$\tan\alpha_{AB} = \frac{y_B - y_A}{x_B - x_A} \tag{7-6}$$

三、在地形图上确定高程和坡度

1. 确定图上任一点的高程

在图上确定任一点的高程，可根据等高线来进行。在图 7-17 中，A 点的高程可直接读出，为 61m。通过 B 点作大约垂直 A 点附近两根等高线的垂线 mn，量出 mB 及 nB 的长度，设分别为 12mm 及 8mm。从图 7-17 上可知等高线间隔为 1m，则用比例方法求出 B 点相对于 62m 等高线的高差 Δh 为

$$\Delta h = \frac{nB}{mB} \times 1\text{m} = \frac{8}{12} \times 1\text{m} = 0.67\text{m} \tag{7-7}$$

因此 B 点的高程为

$$H_B = 62\text{m} + 0.67\text{m} = 62.67\text{m}$$

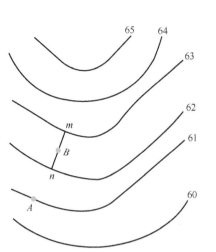

图 7-17　确定点的高程

2. 确定地面点的坡度

如图 7-18 所示，已知 A、B 两点间的高差 h，再量测出 AB 间的水平距离 D，则可确定 AB 连线的坡度 i 或坡度角 α。坡度 i 或坡度角 α 可按下式计算。

$$i = \tan\alpha = \frac{h}{D} \tag{7-8}$$

直线的坡度 i 一般用百分率（%）或千分率（‰）表示。

四、根据规定坡度在地形图上设计最短路线

在铁路、公路、渠道、管线等设计中，往往需要求在不超过某一坡度 i 时的平距 D，并根据按地形图比例尺计算出来的图上平距 d，用两脚规在地形图上求得整个路线的位置。如图 7-18 所示，地形图比例尺为 $1:2000$，现要从 A 点开始，向山顶选一条公路线，使坡度为 4%。

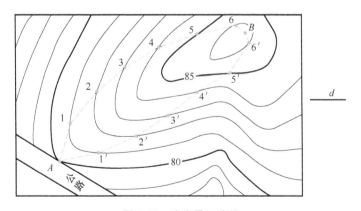

图 7-18　确定最短路线

从地形图上可以看出等高线间隔为 1m，由于限制坡度 $i = 4\%$，则实地路线通过相邻等高线的最短距离应为

$$d = \frac{h}{iM} = \frac{1}{4\% \times 2000} \text{mm} = 12.5 \text{mm} \qquad (7\text{-}9)$$

此时，实地距离 $D = 12.5\text{mm} \times 2000 = 25\text{m}$。以 A 点为圆心，以 12.5mm 为半径作圆弧，与 81m 等高线相交于 1 和 1′两点。分别以 1、1′为圆心，仍用 12.5mm 为半径作弧，交 82m 等高线于 2 及 2′两点。依此类推，可在图上画出规定坡度的两条路线。然后进行比较，考虑整个路线不要过分弯曲以及避开现有建（构）筑物等其他因素，选取较理想的最短路线。

五、绘制某方向的断面图

工程设计中，当需要知道某一方向的地面起伏情况时，可按此方向直线与等高线交点求得平距与高程，绘制断面图。

为了明显表示地面的起伏变化，高程比例尺通常取水平距离比例尺的 10～20 倍。为了正确地反映地面的起伏形状，方向线与地性线（山谷线、山脊线）的交点必须在断面图上表示出来，以使绘制的断面曲线更符合实际地貌。其高程可按比例内插求得。

如图 7-19a 所示，欲绘制直线 AB、BC 纵断面图，其绘制步骤如下。

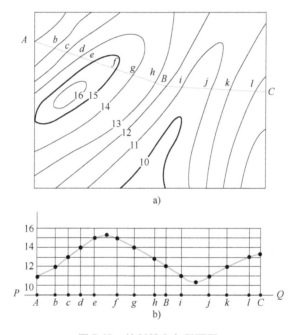

图 7-19　绘制某方向断面图

1）在图纸上绘出表示平距的横轴 PQ，过 A 点作垂线，作为纵轴，表示高程。平距的比例尺与地形图的比例尺一致；为了明显地表示地面起伏变化情况，高程比例尺往往比平距比例尺放大 10～20 倍，如图 7-19b 所示。

2）在纵轴上标注高程，在图上沿断面方向量取两相邻等高线间的平距，依次在横轴上标出，得 b、c、d、……、l 及 C 点。

3）从各点作横轴的垂线，在垂线上按各点的高程，对照纵轴标注的高程，确定各点在剖面上的位置。

4）用光滑的曲线连接各点，即得已知方向线 *A—B—C* 的纵断面图。

能 力 训 练

1. 单项选择题

（1）下面哪种说法是错误的（　　）。

A. 等高线在任何位置都不会相交　　　　B. 等高线一定是闭合的连续曲线

C. 同一等高线上的点的高程相等　　　　D. 等高线与山脊线、山谷线正交

（2）按 1/2 基本等高距描绘出的等高线称为（　　）。

A. 计曲线　　　　B. 间曲线　　　　C. 首曲线　　　　D. 助曲线

（3）在 1∶2000 地形图上，设等高距为 1m，现要设计一条坡度为 5% 的等坡度路线，则路线上等高线间隔应为（　　）。

A. 0.1m　　　　B. 0.1cm　　　　C. 1cm　　　　D. 5mm

（4）下列说法正确的是（　　）。

A. 等高线平距越大，表示坡度越小　　　　B. 等高线平距越小，表示坡度越小

C. 等高距越大，表示坡度越大　　　　D. 等高距越小，表示坡度越大

（5）比例尺为 1∶2000 的地形图，其比例尺精度是（　　）。

A. 0.2cm　　　　B. 2cm　　　　C. 0.2m　　　　D. 2m

（6）展绘控制点时，应在图上标明控制点的（　　）。

A. 点号与坐标　　　　B. 点号与高程　　　　C. 坐标与高程　　　　D. 高程与方向

（7）在 1∶1000 地形图上，设等高距为 1m，现量得某相邻两条等高线上两点 *A*、*B* 之间的图上距离为 0.01m，则 *A*、*B* 两点的地面坡度为（　　）。

A. 1%　　　　B. 5%　　　　C. 10%　　　　D. 20%

（8）地物符号中能表示地物形状、大小和位置的是（　　）符号。

A. 比例符号　　　　B. 非比例符号　　　　C. 线性符号　　　　D. 注记符号

（9）下列叙述正确的是（　　）。

A. 江河、平原、洼地属于地物　　　　B. 江河、湖泊、森林属于地貌

C. 江河、平原、丘陵属于地貌　　　　D. 江河、湖泊、道路属于地物

（10）地形图上能表示的最短距离为 0.2m，则测图比例尺最小应为（　　）。

A. 1∶1000　　　　B. 1∶2000　　　　C. 1∶5000　　　　D. 1∶10000

2. 计算题

（1）在 1∶500 比例尺地形图上量得 *A* 点高程 $H_A=31.8$m，*B* 点高程 $H_B=25.4$m，*A*、*B* 两点之间的图上长度为 400.0mm，求 *A*、*B* 两点之间的实地水平距离 D_{AB} 和 *A* 点至 *B* 点的坡度 i_{AB}。（坡度用%数表示，并精确到 0.1%）。

（2）从地形图上量得两点的坐标和高程如下：$X_A=1237.52$m，$Y_A=976.03$m，$H_A=63.574$m；$X_B=1176.02$m，$Y_B=1017.35$m，$H_B=59.634$m。试求：1）*AB* 的水平距离；2）*AB* 坐标方位角；3）*AB* 直线的坡度。

（3）按限制坡度选定最短路线，设限制坡度为 4%，地形图比例尺为 1∶2000，等高距为 1m，试求该路线通过相邻两条等高线的平距。

3. 思考题

（1）试举例说明什么是地物、地貌和地形。

（2）什么是地形图？

（3）试述等高线的定义及其特性。

（4）什么是等高距？等高线平距和地面坡度有何关系？

（5）试述地形图测图前的准备工作。

（6）试述数字化成图的基本原理及数字化测图中碎部点测绘的作业步骤。

（7）如何在地形图上确定一直线段的方向和平均坡度？

项目八

施工放样

项目导读

随着我国社会主义现代化建设的步伐加快，在整个工程建设中，工程测量作为其中的基础工作，将直接关系着工程建设的规划及施工。如何选择经济、合理的施工路线，其核心将取决于工程测量的科学运行。工程测量贯穿于工程建设的各个施工环境中，在确定建构筑物施工位置的同时，还能将施工成本降到最低，由此受到人们的青睐。如果在测量和放样过程中出现失误，轻则需要返工，耽误工期和浪费资金，重则会导致工程全部报废，造成不可估量的损失。因此，做好工程中施工测量放样工作是工程建设的良好开端，具有极其重要的现实意义。本项目主要介绍放样的三项基本工作：点的平面位置放样、全站仪放样以及 RTK 放样。

知识目标

1. 了解工程施工测量的内容。
2. 掌握水平距离、水平角和高程等基本要素的放样。
3. 掌握平面点位放样的测量方法。
4. 掌握全站仪和 RTK 放样的方法。

能力目标

1. 能进行水平距离、水平角和高程等基本要素的放样。
2. 能运用直角坐标法、极坐标法等进行平面点位的放样工作。
3. 能运用全站仪和 RTK 进行放样。

任务一 认识测设

任务描述

如图 8-1 所示，有一条笔直的道路 AC，路上面有一点 O，要修一条从 O 到 B 的公路。从图纸上测量、计算出 $\angle AOB$ 是 65°，那么在实地中怎么把 OB 的方向准确找出来呢？

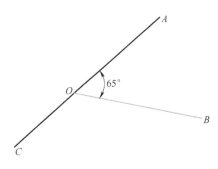

图 8-1 测设任务图

知识链接

无论是建筑物、构造物还是道路等，实际上是将它们在图纸上规划设计好的点位、角度和高程放样到地面上，用来指导施工。我们把根据施工场地已有控制点或已有建筑物位置，按照工程设计要求，将设计图上建（构）筑物特征点的平面位置和高程数据在实地标定出来，称为施工放样，也叫作测设。

测设工作首先要确定测设数据，即求出待测设点与控制点或已有建筑物之间的角度、距离和高程关系数据，然后，利用测量仪器将待测设点在现场标定出来。因此，水平距离测设、水平角测设、高程测设称为施工放样的三项基本工作。

一、水平距离测设

如图 8-2 所示，已知地面一点 A，现需要在给定的 AB 方向上，将设计的水平距离 D 测设出来。这种将设计所需的长度在实地标定出来的工作叫作距离放样。

1. 一般方法

如图 8-2 所示，首先将钢尺的零点对准点 A，沿 AB 方向将钢尺抬平、拉直，在尺面上读数为 D 处插下测钎或吊锤球，在地面定出点 B'；然后，将钢尺移动 10~20cm（即在钢尺的 10~20cm 内任选一个刻度对准 A 点），重复前

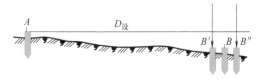

图 8-2 一般方法测设水平距离

面的操作，在地面上定出一点 B''，取与 B'' 连线中点作为 B 点位置，以提高测设精度。对于钢尺放样距离，一般要求相对误差小于 $1/2000$。

2. 精密方法

当测设精度要求较高时，应使用检定过的钢尺，用经纬仪定线，根据已知水平距离 D，经过尺长改正、温度改正和倾斜改正后，计算出实地测设长度 $D_实$，然后根据计算结果，用钢尺进行测设。若 $D_实$ 不等于 D，则计算改正数 $\Delta D = D - D_实$，并进行改正。如图 8-3 所示：改正时，沿 AB 方向，以 B' 为准，当 $\Delta D > 0$ 时，向外改正；反之，则向内改正。以标定 B 点位置。

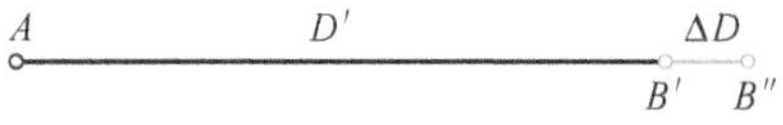

图 8-3　精密方法测设已知水平距离

3. 全站仪测设水平距离

当测设的水平距离较长时，可利用全站仪的距离测量模式进行放样。如图 8-4 所示，测设的具体方法如下：

1）将全站仪安置在已知起点上，输入待测设的水平距离后，瞄准给定方向，输入气温、气压等气象要素，仪器将自动进行各项气象改正。

2）反光棱镜在已知方向上前后移动，使仪器显示值略大于测设的距离，定出 C_1 点。

3）在 C_1 点安置反光棱镜，测出水平距离 D'，求出 D' 与应测设的水平距离 D 之差 $\Delta D = D - D'$。

4）根据 ΔD 的数值在实地用钢尺沿测设方向将 C_1 改正至 C 点，并用木桩标定其点位。

5）将反光棱镜安置于 C 点，再实测 AC 距离，其不符值应在限差之内，否则应再次进行改正，直至符合限差为止。

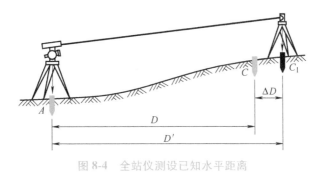

图 8-4　全站仪测设已知水平距离

二、水平角测设

水平角测设又称为水平方向放样，是在一个已知方向上的端点设站，以该方向为起始方向，按设计转角放样出另一个方向。

水平角测设

1. 一般方法

当测设水平角的精度要求不高时，可采用盘左、盘右分中的方法测设。如图 8-5 所示，已知直线 OA，现需测设一个点 B，使得 $\angle AOB$ 为 β 值。其具体操作如下：

1）在 O 点安置经纬仪，盘左位置瞄准 A 点，使水平度盘读数为 $0°00'00''$，转动照准部，使水平度盘读数恰好为 β 值，在此视线上定出 B_1 点。

2）盘右位置，重复上述步骤，再测设一次，定出 B_2 点。

3）取 B_1 和 B_2 的中点 B，则 $\angle AOB$ 就是要测设的 β 角。

2. 精密方法

当测设精度要求较高时，可采用多测回和垂距改正法，提高放样精度。如图 8-6 所示，测设步骤如下：

1）先用一般方法测设出 B 点。

2）用测回法对 $\angle AOB$ 观测若干个测回，求出各测回平均值 β_1，并计算出 $\Delta\beta=\beta-\beta_1$。量取 OB 的水平距离，计算改正距离 B_0B：

$$B_0B=OB\times\tan\Delta\beta \approx OB\times\frac{\Delta\beta}{\rho} \tag{8-1}$$

式中，$\rho=202625''$。

3）自 B 点沿 OB 的垂直方向量出距离 B_0B，定出 B_0 点，则 $\angle AOB_0$ 就是要测设的角度。

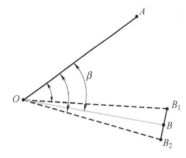

图 8-5　一般方法测设水平角

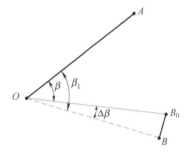

图 8-6　精密方法测设已知水平角

注意：量取改正距离时，如 $\Delta\beta$ 为正，则沿 OB 的垂直方向向外量取；如 $\Delta\beta$ 为负，则沿 OB 的垂直方向向内量取。

三、高程测设

高程测设就是根据作业区附近的已知高程点，将另一点的设计高程测设到实地上。若没有高程点，则应从已知高程点处引测一个高程点到作业区，并埋设固定标志。

1. 在地面上测设已知高程

【例题 8-1】　如图 8-7 所示，某建筑物的室内地坪设计高程为 45.000m，附近有一水准点 BM_3，其高程为 $H_3=44.680$m。试把该建筑物的室内地坪高程测设到木桩 A 上，作为施工时控制高程的依据。

地面点高程测设

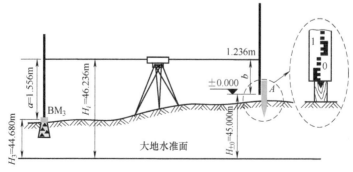

图 8-7　高程测设

解：高程测设的具体操作如下：

1）在水准点 BM_3 和木桩 A 之间安置水准仪，在 BM_3 立水准尺，用水准仪的水平视线测得后视读数为 1.556m，此时视线高程为

$$44.680m+1.556m=46.236m$$

2）计算 A 点水准尺尺底为室内地坪高程时的前视读数：

$$b=46.236m-45.000m=1.236m$$

3）上下移动竖立在木桩 A 侧面的水准尺，直至水准仪的水平视线在尺上截取的读数为 1.236m 时，紧靠尺底在木桩上画一水平线，其高程即为 45.000m。

2. 高程传递

高程传递

若需测设的点的高程与水准点的高程相差很大，可先把高程传递到坑底或高处的临时水准点上，然后再用临时水准点进行放样。

如图 8-8 所示，已知地面附近有一水准点 BM_A，其高程为 H_A。现欲在深基坑内设置一点 B，使其高程为 $H_设$。

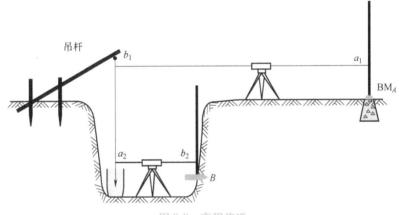

图 8-8 高程传递

高程传递的具体方法如下：

1）在基坑一边架设吊杆，杆上吊一根零点向下的钢尺，尺的下端挂上 10kg 的重锤，放入油桶中。

2）在地面安置一台水准仪，设水准仪在 BM_A 点所立水准尺上读数为 a_1，在钢尺上读数为 b_1。

3）在坑底安置另一台水准仪，设水准仪在钢尺上读数为 a_2。

4）计算 B 点水准尺底高程为 $H_设$ 时，B 点处水准尺的读数应为

$$b_2=(H_A+a_1)-(b_1-a_2)-H_设 \tag{8-2}$$

📋 **任务实施**

一、任务组织

1）建议 4~6 人为一组，明确职责和任务，组长负责协调组内测量分工。

2）实训设备：全站仪或经纬仪 1 台，水准仪 1 台、三脚架 1 副，棱镜 2 个或花杆 2 根，皮尺或钢尺 1 个，测钎若干，记录板 1 块，实训记录表（按需领取），铅笔、橡皮等。

二、实施过程

在地面选择距离 80~100m 的 O、A 两点，并标定定位，假定 O 点的高程为 50m。现以 OA 边为测设角度的已知方向，欲测设 B 点，使 $\angle AOB = 50°$，OB 的长度为 60m，B 点的高程为 50.530m。要求测设限差：水平角误差 ≤40″，水平距离相对误差 ≤1/2000，高程误差 ≤10mm。具体测设步骤如下。

1. 水平距离和角度的测设

1）将经纬仪安置在 O 点，用盘左后视 A 点，并使水平度盘读数为零。

2）顺时针方向转动照准部，使水平度盘读数准确定在 50° 上，在望远镜视准轴方向上用钢尺丈量 60m 标定一点 B'。

3）倒镜，用盘右后视点 A，读取水平度盘读数为 x，顺时针方向转动照准部，使水平度盘读数保持在 $x+50°$，同样在视准轴方向上用钢尺丈量 60m，在地面标定 B'' 点。

4）若 B'、B'' 两点重合，即为所放线的 B 点；若 B'、B'' 不重合，取 $B'B''$ 连线的中点作为 B 点，则 $\angle AOB$ 为欲测设的 50°，OB 的长度为 60m，B 点为要测设的点。在 B 点打上木桩或做上标记。

2. 高程测设

1）在距 O、B 两点等距处安置水准仪，整平仪器后，后视 O 点上的水准尺，得后视读数为 a。

2）转动水准仪的望远镜，前视 B 点的水准尺，缓慢上下移动水准尺，当尺读数恰为 $b = 50.00m + a - 50.530m$，则尺底的高程即为 50.530m，用笔沿尺底划线标出 B 点的设计高程位置。

3）在测设高程时，若前视读数大于 b，则说明尺底高程低于欲测设的设计高程，应将水准尺提高；反之，则应降低尺底。

三、实训记录（表 8-1）

表 8-1　测设基本工作放样数据计算

放样数据计算	1. 计算水平角放样数据
	2. 计算高程测设数据

四、实训注意事项

1）严禁将仪器置于一边无人看管。

2）水准仪测设过程中，水准尺应保持竖直，并且在标定水准尺底部位置时，应保持水准尺不要上下移动。

3）如果测设部位离已知点较远，应设置转点。

4）必须对放样结果进行校核，若放样误差超限，应查明原因并修正或重新放样。

任务评价

本次任务的任务评价见表8-2。

表8-2 认识测设任务评价

实训项目					
小组编号		学生姓名			
序号	考核项目	分值	实训要求	自我评定	教师评价
1	计算放样数据	10	计算放样所需数据错误扣5分；操作仪器和工具不熟练扣5分		
2	水平距离放样	25	误差超限扣15分；放样方法错误全扣		
3	水平角放样	25	误差超限扣15分；放样方法错误全扣		
4	高程放样	20	误差超限扣10分；放样方法错误全扣		
5	实训纪律	10	遵守课堂纪律，动作规范，无事故发生		
6	团队协作能力	10	服从安排，吃苦耐劳，配合其他人员工作，文明作业		

小组其他成员评价得分：_____、_____、_____、_____、_____

实训总结与反思：

任务二　平面点位测设

任务背景

在实际工程进行工程放样时，根据所用的仪器设备、控制点的分布情况，放样场地地形条件及放样点精度要求等的不同，常常需要采用不同的方法。例如测设道路中线时，通常采用极坐标法；在建筑工程施工放样测量中，通常采用直角坐标法进行平面位置的测设。那么为了确定点的平面位置，常用的放样方法有哪些？其具体操作方法是什么呢？

任务描述

如图 8-9 所示，已知某建筑物角点 P 的设计坐标，又知现场 P 点周围有建筑方格网控制点 A、B 和 C，其坐标已知，且 AB 平行于 y 轴，AC 平行于 x 轴，若 A 点坐标为（568.265，256.478），P 点的坐标为（602.400，298.500）。请在地面上测设出建筑物的四个角点 P、Q、R、S。

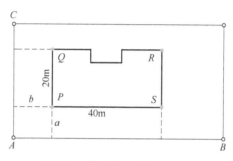

图 8-9　某建筑四个角点测设

知识链接

点的平面位置放样是根据已布设好的控制点与放样点间的角度（方向）、距离或相应的坐标关系来定出点的位置。测设点的平面位置的方法应根据控制网（点）布设情况、放样的精度要求和施工场地的条件来选择。常用方法有：直角坐标法、极坐标法、角度交会法和距离交会法。

直角坐标法

一、直角坐标法

直角坐标法是根据直角坐标原理，利用纵横坐标之差，测设点的平面位置。当施工控制网为建筑方格网，且待定点距离控制网较近时，常采用直角坐标法测设定位。该方法计算简单、操作方便、测设精度较高。

如图 8-10 所示，$A(x_A, y_A)$、$B(x_B, y_B)$ 为建筑方格点，P 为设计点，其坐标 (x_P, y_P) 可以从设计图上查得。欲将 P 点测设在地面上，其步骤如下：

1）计算测设数据。计算出 P 点相对控制点 A 的坐标增量 Δx_{AP}、Δy_{AP}。

$$\Delta x_{AP} = x_P - x_A \qquad (8\text{-}3)$$

$$\Delta y_{AP} = y_P - y_A \qquad (8\text{-}4)$$

图 8-10　直角坐标法测设点位

2）在 A 点架经纬仪，瞄准 B 点，沿视线方向用钢尺测设横距 Δy_{AP}，在地面上定出 C 点。

3）安置经纬仪于 C 点，瞄准 A 点，顺时针方向测设 $90°$ 水平角，沿直角方向用钢尺测设纵距 Δx_{AP}，即获得 P 点在地面上的位置。

4）校核：在 B 点架仪器，用同样方法放样 P 点位置。

注意事项：测设 $90°$ 角时的起始方向要尽量照准远距离的点，因为对于同样的对中和照准误差，照准远处点比照准近处点放样的点位精度高。

二、极坐标法

极坐标法是根据已知水平角和水平距离测设地面点的平面位置，适用于量距方便，且测设点距控制点较近的地方。

如图 8-11 所示，$A(x_A,y_A)$、$B(x_B,y_B)$ 为已知控制点，P 为待放样点，其设计坐标为 (x_P,y_P)，用极坐标法放样步骤如下：

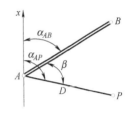

图 8-11 极坐标法测设点位

1. 计算放样元素

根据已知坐标 $A(x_A,y_A)$、$B(x_B,y_B)$ 和设计坐标 (x_P,y_P)，由坐标反算，计算出 D_{AP} 及方位角 α_{AP} 和 α_{AB}。

$$\alpha_{AB}=\arctan\frac{y_B-y_A}{x_B-x_A} \tag{8-5}$$

$$\alpha_{AP}=\arctan\frac{y_P-y_A}{x_P-x_A} \tag{8-6}$$

$$D_{AP}=\sqrt{(x_P-x_A)^2+(y_P-y_A)^2} \tag{8-7}$$

计算水平角 β：

$$\beta=\alpha_{AP}-\alpha_{AB} \tag{8-8}$$

2. 外业测设

1）在 A 点架设经纬仪，对中、整平。

2）左盘瞄准 B 点，置零，顺时针方向转动望远镜，当水平角度值为测设水平角 β 时，固定水平制动，在该方向用平尺或钢尺量取放样长度 D_{AP}，定出 P 点。

三、角度交会法

角度交会法是根据两个以上测站，分别测设角度定出方向线，两条方向线交会出点的平面位置。在待定点离控制点较远或量距较困难的地区，常用此法。如图 8-12 所示，A、B、C 为控制点，P 为待测设点，其坐标均为已知，测设方法如下：

1）根据 A、B 点和 P 点的坐标计算测设数据 β_1 和 β_2，即水平角 $\angle PAB$ 和水平角 $\angle PBA$。

$$\beta_1=\alpha_{AB}-\alpha_{AP} \tag{8-9}$$

$$\beta_2=\alpha_{BP}-\alpha_{BA} \tag{8-10}$$

2）现场测设 P 点。在 A 点安置经纬仪，照准 B 点，逆时针方向测设水平角 β_1，定出一条方向线；在 B 点安置另一台经纬仪，照准 A 点，顺时针方向测设水平角 β_2，定出另一条方向线：两条方向线的交点的位置就是 P 点。在现场立一根测钎，由两台仪器指挥，前后左右移动，直到两台仪器的纵丝能同时照准测钎，在该点设置标志得到 P 点。

为了检核和提高测设精度，可根据控制点 B、C 和待测设点 P 的坐标计算水平角 β_3，在现场将第三台经纬仪安置于 C 点，照准 B 点，顺时针测设水平角 β_3，定出第三条方向线。理论上三个方向应交于一点，但由于观测误差的影响，三个方向一般不交于一点。在现场将每个方向用两个小木桩标定在地面上，拉线形成一个示误三角形，如图 8-13 所示。如果示误三角形最大边长不超过 3cm，则以该三角形的重心定点，作为待测设点 P 的地面位置。

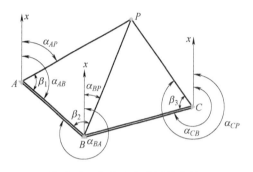

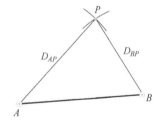

图 8-12　角度交会法测设点位　　　　　图 8-13　示误三角形

角度测设法不需要测设水平距离，在量距困难的情况（如桥墩定位）应用较多，但计算工作量较大，且需要两台以上经纬仪同时配合作业，效率比极坐标法低。

四、距离交会法

距离交会法是由两个控制点测设两段已知水平距离，交会定出点的平面位置。距离交会法适用于待测设点至控制点的距离不超过一尺段长，且地势平坦、量距方便的建筑施工场地。

如图 8-14 所示，P 是待测设点，其设计坐标已知，附近有 A、B 两个控制点，其坐标也已知，测设方法如下：

1）根据 A、B 点和 P 点的坐标计算测设数据 D_{AP}、D_{BP}，即 P 点至 A、B 的水平距离。

$$D_{AP} = \sqrt{(x_P - x_A)^2 + (y_P - y_A)^2} \qquad (8\text{-}11)$$

$$D_{BP} = \sqrt{(x_P - x_B)^2 + (y_P - y_B)^2} \qquad (8\text{-}12)$$

2）现场测设 P 点。在现场用一把钢尺分别从控制点 A、B 以水平距离 D_{AP}、D_{BP} 为半径画圆弧，其交点即为 P 点的位置。也可用两把钢尺分别从 A、B 量取水平距离 D_{AP}、D_{BP}，摆动钢尺，其交点即为 P 点的位置。

图 8-14　距离交会法测设点位

距离交会法计算简单，不需要经纬仪，现场操作简便，但只有距离不超过一尺段的长度且场地较平坦时才能使用此方法。

📐 **任务实施**

一、任务组织

1）建议 4~6 人为一组，明确职责和任务，组长负责协调组内测量分工。

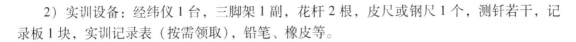

2）实训设备：经纬仪 1 台，三脚架 1 副，花杆 2 根，皮尺或钢尺 1 个，测钎若干，记录板 1 块，实训记录表（按需领取），铅笔、橡皮等。

二、实施过程

1）在教师的指导下，各组找到各自的已知点 A 点、B 点和 C 点。如图 8-9 所示，根据 A 点和 P 点的坐标计算测设数据 a 和 b，其中 a 是 P 到 AB 的垂直距离，b 是 P 到 AC 的垂直距离，即

$$a = x_P - x_A$$
$$b = y_P - y_A$$

2）如图 8-15 所示，安置经纬仪于 A 点，照准 B 点，置零，沿视线方向测设距离 b，定出点 1。沿视线方向测设距离 b+40m，定出点 2。

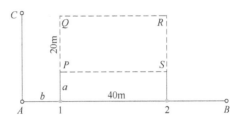

图 8-15　直角坐标法测设点位实训

3）安置经纬仪于点 1，照准 B 点，置零，逆时针方向测设 90°角，沿视线方向测设距离 a，即可定出 P 点。沿视线方向测设距离 a+20m，即可定出 Q 点。

4）安置经纬仪于点 2，照准 A 点，置零，顺时针方向测设 90°角，沿视线方向测设距离 a，即可定出 S 点。沿视线方向测设距离 a+20m，即可定出 R 点。

5）为了检核点位放样是否正确，用钢尺丈量水平距离 QR 和 PS，检查与建筑物的尺寸是否相等；再在现场的四个角点安置经纬仪，测量水平角，检核四个大角是否为 90°。

三、实训记录

1. 计算放样数据（表 8-3）

表 8-3　平面点位测设放样数据计算

放样数据计算	1. 计算放样数据
	2. 角度检查

2. 角度检查（表 8-4）

表 8-4　平面点位测设测回法观测记录

日期：_____年_____月_____日　天气：_____　仪器型号：_____

组号：_____　　　　　　　　　观测者：_____　记录者：_____

测点	盘位	目标	水平度盘读数	水　平　角		备注
			° ′ ″	半测回值	一测回值	
				° ′ ″	° ′ ″	

四、实训注意事项

1）经纬仪是昂贵的精密仪器，使用时需十分小心谨慎，各螺旋要慢慢转动，转到头切勿再继续旋转，水平制动螺旋和竖直制动螺旋处于制动状态时，切勿强制旋转仪器照准部和望远镜。

2）当一人操作时，小组其他人员只进行言语协助，严禁多人同时操作一台仪器。

3）严禁坐、压仪器箱，经纬仪拿放时应轻拿轻放。观测期间应将仪器箱关闭。

任务评价

本次任务的任务评价见表 8-5。

表 8-5　平面点位测设任务评价

实训项目					
小组编号		学生姓名			
序号	考核项目	分值	实训要求	自我评定	教师评价
1	计算放样数据	10	计算放样所需数据错误扣 5 分；操作仪器和工具不熟练扣 5 分		
2	点位放样	40	单个点位放样误差超限一次扣 10 分		
3	误差检查	30	房屋四角未成 90°，水平角不大于±40″，超过限差要求一个扣 15 分，扣完为止		
4	实训纪律	10	遵守课堂纪律，动作规范，无事故发生		
5	团队协作能力	10	服从安排，吃苦耐劳，配合其他人员工作，文明作业		

小组其他成员评价得分：_____、_____、_____、_____、_____

实训总结与反思：

任务三　全站仪测设

任务背景

　　全站仪不仅具有高精度和快速测角、测距、测定点坐标的特点，而且在施工中受天气、地形条件限制少，能方便地以较高的精度同时进行测角和量边，并能自动进行常见的测量计算，因此在施工测量中应用广泛，是提高施工测量质量和效率的重要手段。用全站仪测设点位一般采用极坐标法，不同品牌和型号的全站仪，用极坐标法测设点位的具体操作方法也有所不同，但其基本过程是一样的。

任务描述

　　如图 8-16 所示，使用全站仪，利用极坐标法，根据已知测站点 A 的坐标（230，210），后视点 B 坐标为（230，230），放样点坐标 1（233，214），试求其余各点的坐标并进行放样工作。

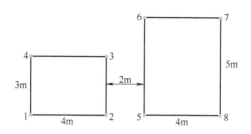

图 8-16 全站仪测设

任务实施

一、任务组织

1）建议 4~6 人为一组，明确职责和任务，组长负责协调组内测量分工。

2）实训设备：全站仪 1 台，三脚架 1 副，棱镜 2 个，棱镜杆 2 个，测钉若干，记录板 1 块，实训记录表（按需领取），铅笔、橡皮等。

二、实施过程

1）在教师的指导下，各组找到各自的已知点 A 点、B 点。

2）安置全站仪于 A 点，在测站 A 上设置相关参数，输入测站坐标 A（230，210）、仪器高和棱镜高（仪器高和棱镜高此处可不输入）。

3）输入后视点 B 的坐标（230，230），照准后视点 B 点，再点击"确认"。

4）输入放样点 1 点坐标（233，214），根据全站仪的提示进行操作完成 1 点的放样操作。

5）1 点放样完毕，点击下一点，根据提示继续 2 点和 3 点的放样即可。

6）为了检核点位放样是否正确，用钢尺丈量水平距离 24、13、25、57、68 的距离，填入表 8-6，检查与其理论距离是否一致等。

三、实训记录（表 8-6）

表 8-6 全站仪测设放样数据计算表

放样数据计算	1. 距离计算
	2. 检核

四、实训注意事项

1）全站仪是昂贵的精密仪器，使用时需十分小心谨慎，各螺旋要慢慢转动，转到头切勿再继续旋转，水平制动螺旋和竖直制动螺旋处于制动状态时，切勿强制旋转仪器照准部和望远镜。

2）当一人操作时，小组其他人员只进行言语协助，严禁多人同时操作一台仪器。

3）严禁坐、压仪器箱，全站仪应轻拿轻放。观测期间应将仪器箱关闭。

 任务评价

本次任务的任务评价见表 8-7。

表 8-7　全站仪测设任务评价

实训项目					
小组编号		学生姓名			
序号	考核项目	分值	实训要求	自我评定	教师评价
1	仪器安置	10	仪器未对中整平扣 5 分；操作仪器和工具不熟练扣 5 分		
2	点位放样	40	单个点位放样误差超限一次扣 15 分，扣完为止		
3	误差检查	30	水平距离误差不大于 1/3000，距离检查超过限差要求一个扣 15 分，扣完为止		
4	实训纪律	10	遵守课堂纪律，动作规范，无事故发生		
5	团队协作能力	10	服从安排，吃苦耐劳，配合其他人员工作，文明作业		

小组其他成员评价得分：＿＿＿＿、＿＿＿＿、＿＿＿＿、＿＿＿＿

实训总结与反思：

任务四　RTK 测设

 任务背景

采用 RTK 技术放样时，仅需把设计好的点位坐标输入到电子手簿中，GPS 接收机会提

醒作业人员走至要放样点的位置，既迅速又方便。由于 GPS 是通过坐标来直接放样的，而且精度很高也很均匀，因此外业放样的效率会大大提高，且只需一个人操作。本任务主要介绍 RTK 测设的实施过程。

任务描述

　　运用 GPS-RTK 进行坐标放样，已知控制点 KZ_1 的坐标（230，210），控制点 KZ_2 坐标为（230，230），放样点 1 的坐标为（235，216），其他放样点与 1 点的关系如图 8-17 所示。

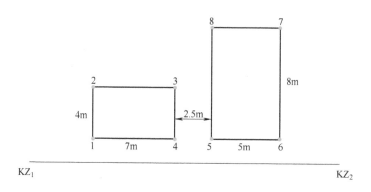

图 8-17　RTK 测设

任务实施

一、任务组织

1）建议 4~6 人为一组，明确职责和任务，组长负责协调组内测量分工。

2）实训设备：各小组每组 RTK 1 台，每三组共用 1 个基准站，三脚架 1 副，RTK 对中杆 1 个，测钎若干，记录板 1 块，实训记录表（按需领取），铅笔、橡皮等。

二、实施过程

1）在教师的指导下，各组找到各自的已知点 KZ_1、KZ_2。

2）首先参考 RTK 测图实训进行基准站设置、移动站设置、新建工程，在已知控制点 KZ_1 的坐标（230，210）和控制点 KZ_2 坐标为（230，230）上完成点校正工作，完成参数转换设置。

3）在主界面点击"测量"→"点放样"。在界面下方点击"目标"→"增加"，此时将本次实训的放样点 1 的坐标（235，216）输入坐标库中，然后点击"确定"。选中刚刚输入的 1 点坐标，再点击右上角的"确定"，之后跟随手簿上的指示找到该放样点即可。

4）再根据图 8-17，分别计算出其余 7 个点的坐标，依次输入坐标库中，并按照 1 点放样方法依次进行放样。

三、实训注意事项

1）GPS-RTK 是昂贵的精密仪器，使用时需十分小心谨慎。

2）当一人操作时，小组其他人员只进行言语协助，严禁多人同时操作一台仪器。

3）严禁坐、压仪器箱，仪器应轻拿轻放。观测期间应将仪器箱关闭。

任务评价

本次任务的任务评价见表8-8。

表 8-8 RTK 测设任务评价

实训项目						
小组编号		学生姓名				
序号	考核项目	分值	实训要求		自我评定	教师评价
1	仪器设置	15	操作仪器和工具不熟练扣5分；未能正确设置基准站和移动站每项扣5分			
2	参数转换	15	未能正确测量控制点，扣5分；未能正确转换参数，扣10分			
3	点位放样	50	点位坐标计算错误，一个扣5分；单个点位放样误差超限一次扣10分，扣完为止			
4	实训纪律	10	遵守课堂纪律，动作规范，无事故发生			
5	团队协作能力	10	服从安排，吃苦耐劳，配合其他人员工作，文明作业			

小组其他成员评价得分：_____、_____、_____、_____、_____

实训总结与反思：

能 力 训 练

1. 单项选择题

（1）将设计的建（构）筑物按设计与施工的要求施测到实地上，以作为工程施工的依据，这项工作叫作（　　）。

A. 测定　　　　　　　　B. 测设　　　　　　　　C. 地物测量　　　　　　D. 地形测绘

（2）施工放样的基本工作包括测设（　　）。

A. 水平角、水平距离与高程   B. 水平角与水平距离

C. 水平角与高程   D. 水平距离与高程

（3）角度交会法是根据（　　）来测设的。

A. 两段距离   B. 一段距离一个角度

C. 两个角度   D. 十字坐标差

2. 计算题

（1）已知控制点的坐标为 A（1000.000，1000.000）、B（1108.356，1063.233），欲确定 Q（1025.465，938.315）的平面位置。试计算以极坐标法放样 Q 点的测设数据（仪器安置于 A 点）。

（2）将经纬仪安置在 O 点，以 A 点为后视，现在要放样的角度为 90°，初步放样得到 B_1 点，用测回法检核得到角度大小为 89°59′28″，$OB_1 = 80\text{m}$，如何去找到 B 点？

（3）某建筑物室内地坪高程为 35.4m，利用已知点 A，A 点高程为 36.012m，在 A 点水准尺上读数为 1.427m，如何在 B 点上标定室内地坪高程？

3. 思考题

（1）什么是放样？放样的基本任务是什么？

（2）放样与测定的区别是什么？

（3）平面点位的基本放样方法有哪几种？

（4）试简述极坐标法、角度交会法和距离交会法的适用范围。

项目九

建筑施工测量

 项目导读

　　建筑施工测量即建筑工程在施工阶段所进行的测量工作。其主要任务是在施工阶段将设计在图纸上的建筑物的平面位置和高程，按设计与施工要求，以一定的精度测设（放样）到施工作业面上，作为施工的依据，并在施工过程中进行一系列的测量控制工作，以指导和保证施工按设计要求进行。施工测量是直接为工程施工服务的，它既是施工的先导，又贯穿于整个施工过程。从场地平整、建（构）筑物定位、基础施工，到墙体施工、建（构）筑物构件安装等工序，都需要进行施工测量，以使建（构）筑物各部分的尺寸、位置符合设计要求。建筑施工测量关系着人民群众的安居乐业，这就要求每一个步骤都要精心、每一个环节都要精细、每一项成果都是精品，将工作做到极致、做出境界，使得测量结果能够经得起实践的检验。本项目以任务驱动方式，详细介绍建筑施工控制测量、民用建筑施工测量和工业建筑施工测量的内容和测量方法，让读者能够掌握建筑施工测量的基本知识和基本技能。

 知识目标

1. 掌握建筑基线、建筑方格网的布设形式及测设方法。
2. 了解民用建筑施工测量前的准备工作；了解工业建筑施工测量的基本工作。
3. 了解民用建筑、工业厂房建筑的施工测量内容。

能力目标

1. 能正确进行建筑基线的布设及测设。
2. 能熟练使用经纬仪、水准仪、全站仪等仪器进行建筑施工测量。

任务一 建筑施工控制测量

任务背景

建筑施工控制测量（Construction Control Survey）是为建筑工程建立施工控制网进行的测量。其具有控制范围小、控制点密度大、精度要求高、使用频繁和受施工干扰等特点，有很强的特殊性。建筑施工控制测量也应遵循"从整体到局部，先控制后碎部"的原则，限制测量误差的积累并统一测量坐标系统，保证各建筑物的位置及形状符合设计要求。根据这个原则，建筑施工控制测量的第一步，就是在建筑场区建立统一的施工控制网，布设一批具有较高精度的测量控制点，作为测设建筑物平面位置和高程的依据。建筑施工控制网分为平面控制网和高程控制网。

任务描述

学习建筑施工控制网的测设。

知识链接

一、施工平面控制网的测设

平面控制网采取分级控制的方法建立：场区控制网作为首级控制，是建筑场区地上、地下建筑物和市政工程施工定位的基本依据；建筑物控制网作为加密的二级控制，是建筑物施工放样的基本控制。小型施工项目、单体建筑，可直接布设建筑物施工平面控制网。

平面控制网点作为施工定位和竣工测量的依据，将在施工的整个时期内使用。只有保证这些点位标志的稳定完好，才能确保定位和竣工测量的正确性，因此，要求点位选择在通视良好、土质坚硬、便于施测并能长期保留的地方。场区平面控制网应根据场区地形条件，结合建筑物总体布置情况统筹考虑，可以布设成导线网、建筑基线和建筑方格网。导线网的布设在前面项目已经介绍过，下面主要介绍建筑基线和建筑方格网。

（一）建筑基线

1. 建筑基线的布设

建筑基线是建筑场区的施工控制基准线。在面积较小、地势较平坦的建筑场区，通常布设一条或几条建筑基线，作为施工测量的平面控制。建筑基线布设的位置是根据建筑物的分布、原有测图控制点的情况以及现场地形而定的。建筑基线通常可以布设成一字形、L形、T形和十字形，如图9-1所示，其中虚线框为拟建的建筑物。无论哪种形式，基线点数均不应少于三个，以便今后检查其点位有无变化。

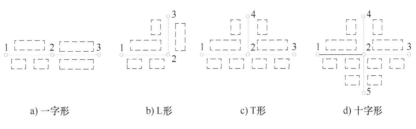

a) 一字形　　　　　b) L形　　　　　c) T形　　　　　d) 十字形

图 9-1　建筑基线形式

建筑基线应尽可能靠近拟建的主要建筑物，并与其主要轴线平行或垂直，以便用较简单的直角坐标法进行测设。为了便于相互校核，基线点应不少于三个，其点位应选在通视条件良好、不受施工影响和不易破坏的地方，且要埋设永久性的混凝土。

2. 建筑基线的测设

建筑基线的布设一般是按"设计—测设—检测—调整"这四个步骤来进行。建筑基线点测设时，应首先根据建筑物的设计坐标和附近已有的测量控制点，在图上选定建筑基线的位置，并求算出测设数据，然后采用极坐标法在实地进行测设。测设后，要求基线的转折角为 90°，容许误差为 ±20″；基线的边长与设计长度相比，其不符值应小于 1/500；否则，应进行点位的调整。

（二）建筑方格网

1. 建筑方格网的布设

在平坦地区建设大中型工业厂房，建筑基线不能完全控制整个建筑场区，通常都是沿着互相平行或互相垂直的方向布置控制网点，构成正方形或矩形格网，这种场区平面控制网称为建筑方格网，如图 9-2 所示。建筑方格网具有使用方便、计算简单、精度较高等优点，它不仅可以作为施工测量的依据，还可以作为竣工总平面图测量的依据。

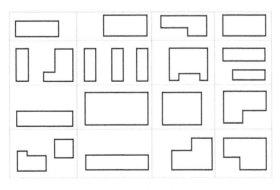

图 9-2　建筑方格网

布设建筑方格网时，主轴线尽量选在场地中部，方向与主要建筑物基本主线平行，纵、横主轴线严格正交成 90°；方格网线与相应的主轴线正交且网线交点通视，正方形格网边长一般取 100~200m，矩形格网边长尽可能取 50m 或其整数倍。

2. 建筑方格网的测设

建筑方格网的布置与建筑基线一样，按"设计—测设—检测—调整"这四个步骤来进行。在建筑方格网中可以采用直角坐标法进行建筑物的定位放线，既方便推算测设数据，又可以提高测设精度。建筑方格网先进行主轴线的测设，再进行其他方格网点的测设。其中检测的内容为测量全部的角度和边长，然后根据测量数据进行平差计算得到实际的点位坐标，调整时按实际坐标与设计坐标的差值进行点位的调整。建筑方格网的布置较为复杂，一般由专业测量人员进行。

（三）测量坐标系与建筑坐标系的换算

由于地形的限制，有些建筑场区的建筑物布置不是正南北方向，而是统一偏转了一个角度，因此为了设计与施工的方便，在设计时将新建一个坐标系，称为建筑坐标系，有时也称为施工坐标系，建筑基线和建筑方格网一般采用建筑坐标系。

建筑坐标系坐标轴的方向与主建筑物轴线的方向平行，坐标原点设置在总平面图的西南角上，使所有建筑物的设计坐标均为正值。有的厂区建筑因受地形限制，不同区域建筑物的轴线方向不同，因而在不同区域采用不同的建筑坐标系。为与测量坐标系区别开来，规定建筑坐标系的 x 轴改名为 A 轴，y 轴改名为 B 轴，如图 9-3 所示。由于建筑坐标系与测量坐标系不一致，在测量工作中，经常需要将一些点的建筑坐标换算为测量坐标，或者将测量坐标换算为建筑坐标，下面介绍换算方法。

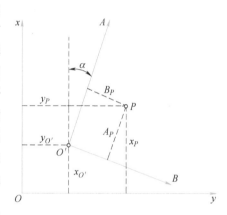

图 9-3　测量坐标系与建筑坐标系的换算

如图 9-3 所示，测量坐标系为 xOy，建筑坐标系为 $AO'B$，两者的关系由建筑坐标系的原点 O' 的测量坐标 $(x_{O'}, y_{O'})$ 及 $O'A$ 轴的坐标方位角 α 确定，它们是坐标换算的重要参数。这三个参数一般由设计单位给出，施工单位按设计单位提供的参数进行坐标换算。当 P 点的施工坐标为 (A_P, B_P) 时，其测量坐标值 $(x_P$、$y_P)$ 为

$$x_P = x_{O'} + A_P\cos\alpha - B_P\sin\alpha \tag{9-1}$$

$$y_P = y_{O'} + A_P\sin\alpha + B_P\cos\alpha \tag{9-2}$$

二、施工高程控制网的测设

在建筑场区还应建立施工高程控制网，作为测设建筑物高程的依据。施工高程控制网点的密度，应尽可能满足安置一次仪器，就可测设出所需点位的高程。网点的位置可以实地选定并埋设稳固的标志，也可利用施工平面控制桩兼做高程点。水准点间距宜小于 1km，距离建构筑物不宜小于 25m，距离回填土边线不宜小于 15m。如遇基坑，距基坑缘不应小于基坑深度的两倍。为了检查水准点是否因受震动、碰撞和地面沉降等影响而发生高程变化，应在土质坚实和安全的地方布置三个以上的基本水准点，并埋设永久性标志。

高程控制测量前应收集场区及附近的城市高程控制点、建筑区域内的临时水准点等资料，当点位稳定、符合精度要求和成果可靠时，可作为高程控制测量的起始数据。当起始数据的精度不能满足场区高程控制网的精度要求时，经委托方和监理单位同意，可选定一个水准点作为起始数据进行布网。

施工高程控制网，常采用四等水准测量作为首级控制，在此基础上按五等水准测量进行

加密,用闭合水准路线或附合水准路线测定各点的高程。对于大中型施工项目的场区和有连续性生产车间的工业场地,应采用三等水准测量作为首级控制;对一般的民用建筑施工区,可直接采用五等水准测量。施工高程控制网也可采用同等精度的光电测距三角高程测量施测。

在大中型厂房的高程控制中,为了测设方便,减少误差,应在厂房附近或建筑物内部,测设若干个高程正好为室内地坪设计高程的水准点,这些点称为建筑物的±0.000m水准点或±0.000m标高,作为测设建筑物基础高程和楼层高程的依据。±0.000m标高一般用红油漆在标志物上绘一个倒立三角形"▼"来表示,三角形的顶边代表±0.000m标高的实际位置。

任务二 民用建筑施工测量

任务背景

民用建筑按用途分类分为住宅、商店、办公楼、学校、影剧院等。按层数分类分为单层、低层(2~3层)、多层(4~8层)和高层(9层以上)。由于类型不同,其测设(放样)的方法及精度要求有所不同,但过程基本相同,主要包括建筑物定位、建筑物的放线、基础施工测量、墙体施工测量、建筑物轴线投测和高程传递等。

任务描述

使用经纬仪对民用建筑进行施工测量。

知识链接

一、施工测量准备工作

施工测量准备工作包括:施工图校核、测量定位依据点的交接与检测、编制施工测量方案和准备施工测量数据、测量仪器和工具的检验校正、施工场地测量等内容。

1. 施工图校核

施工图是施工测量的主要依据,应充分熟悉有关的设计图纸,并校核与测量有关的内容,包括总平面图的校核、建筑施工图的校核、结构施工图的校核、设备施工图的校核。

2. 测量定位依据点的交接与检测

通过现场踏勘了解施工现场上地物、地貌以及现有测量控制点的分布情况。平面控制点或建筑红线桩点是建筑物定位的依据点。由于建筑施工时间较长,施工工地各类建筑材料堆放较多,容易破坏建筑物定位依据点,给施工带来不必要的损失,所以,施工测量人员应认真做好建筑定位依据点资料成果与点位(桩位)交接工作,并做好保护工作。

3. 编制施工测量方案和准备施工测量数据

在校核施工图纸、掌握施工计划和施工进度的基础上，结合现场条件和实际情况，编制施工测量方案。方案包括技术依据、测量方法、测量步骤、采用的仪器工具、技术要求、时间安排等。

在每次现场测量之前，应根据设计图纸和测量控制点的分布情况，准备好相应的放样数据并对数据进行检核，绘出放样简图，把放样数据标注在简图上，从而使现场测量时更方便快速，并减少出错的可能。

4. 测量仪器和工具的检验校正

由于经常使用的全站仪、经纬仪和水准仪的主要轴系关系，在人工操作和外界环境（包括气候、搬运等）的影响下易于产生变化，影响测量精度，所以，要求这类测量仪器应在每项施工测量前进行检验校正，如果施工周期较长，还应每隔 1~3 个月进行定期检验校正。

为保证测量成果准确可靠，要求将测量仪器、量具按国家计量部门或工程建设主管部门规定的检定周期和技术要求进行检定，检定合格后方可使用。光学经纬仪、水准仪与标尺、电子经纬仪、电子水准仪、全站仪、钢卷尺等检定周期均为一年。

测量仪器、量具是施工测量的重要工具，是确保施工测量精度的重要保证条件，作业人员应严格按有关标准进行作业，精心保管和爱护，加强维护保养，使其保持良好状态，确保施工测量的顺利进行。

5. 施工场地测量

施工场地测量包括场地平整、临时水电管线敷设、施工道路、暂设建筑物以及物料、机具场地的划分等测量工作。场地平整测量应根据总体竖向设计和施工方案的有关要求进行，施工道路、临时水电管线与暂设建筑物的平面、高程位置，应根据场区测量控制点与施工现场总平面图进行测设。临时设施的测量精度，应不影响设施的正常使用，也不影响永久建筑和设施的布置与施工。

二、建筑物的定位测量

建筑物四周外廓主要轴线的交点决定了建筑物在地面上的位置，称为定位点或角点，建筑物的定位测量就是根据设计条件，将这些定位点测设到地面上，作为细部轴线放线和基础放线的依据。由于设计条件和现场条件不同，建筑物的定位方法也有所不同，下面介绍三种常见的定位方法。

（一）根据测量控制点定位

从测量控制点上测设拟建建筑物，一般都是采用极坐标法或角度前方交会法。如图 9-4 所示，测量控制点 A、B 及拟建建筑物外角点 M、N 坐标的设计图纸给定，若 M 点用极坐标法测设，则要计算出图中的 α_2 角及距离 S。若 N 点用角度交会法测设，则利用相应点的坐标反算出各边的方位角，就可计算夹角 α_1 及 β_1。

计算公式及方法，测设过程与项目八中点的平面位置测设方法相同。为了避免差错，测设前应备有测设示意图，各项数据算出后均应经过校核。

（二）根据建筑方格网和建筑基线定位

如图 9-5 所示，方格网点 A、B 及拟建建筑物的四个外角点 M、N、Q、P 的坐标是设计图纸给定的。由这些点的坐标，就可以用简单的加、减方法计算出 M 点与 A 点的横坐标差

e，纵坐标差 aM，建筑物的长度 MN 及宽度 PM、QN。在 A 点安置经纬仪瞄准 B 点，在经纬仪视线方向上量取距离 e 及 ab 得 a、b 两点，在 a、b 两点处安置经纬仪后视 A 点，用直角坐标法就可测出 M、P 及 N、Q 各点。实量 MN、PQ 边的长度进行检核，与设计值比较，其相对误差不超过 1/3000 即为合格。

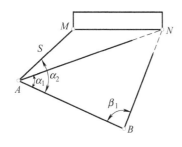

图 9-4　根据控制点定位

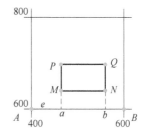

图 9-5　根据建筑方格网定位

（三）根据与已有建筑物和道路的关系定位

1. 根据与已有建筑物的关系定位

一般民用建筑物的设计图上，往往没有坐标注记。当在已建成区新建建筑物时，设计图上通常给出的是拟建建筑物与附近已有建筑物的相对位置及尺寸。此时就可根据已有的建筑物，测设出拟建的建筑物。

如图 9-6 所示，当拟建建筑物与已有建筑物长边平行时，先用细线绳沿着已有建筑物的两端墙皮延长出相同的一段距离得 A、B 两点，分别在 A、B 两点安置经纬仪，以 AB 或 BA 为起始方向，测设出 90°角方向，在其方向上用钢尺丈量定出 M、P 和 N、Q 四个角的角点。拟建建筑物定位后，应对角度和长度进行检查，与设计值比较，角度误差不超过 ±1′，长度误差不超过 1/2000。

2. 根据已有道路中心线定位

拟建建筑物长边平行于已有道路中心线时，首先定出已有道路中心线位置，然后用经纬仪测设垂线并量距，确定出拟建建筑物的主轴线。如图 9-7 所示，首先定出已有道路中心线 A、B 两点，分别在 A、B 点上安置经纬仪，以 AB 和 BA 为起始方向，测设出 90°角方向，再在其方向线上用钢尺丈量，定出拟建建筑物 4 个角点 C、E 和 D、F，并按上述介绍的方法进行角度和长度校核。

图 9-6　根据已有建筑定位

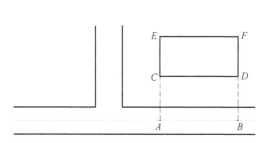

图 9-7　根据已有道路中心线定位

三、建筑物的放线

建筑物的放线是指根据已定位的外墙轴线交点桩（角桩），详细测设出建筑物各轴线的交点桩（或称中心桩），然后，根据交点桩用白灰撒出基槽开挖边界线。放线方法如下：

1）在外墙轴线周边上测设中心桩，位置如图 9-8 所示。在 M 点安置经纬仪，瞄准 Q 点，用钢尺沿 MQ 方向量出相邻两轴线间的距离，定出 1、2、3、4 各点，同理可定出 5、6、7 各点。量距精度应达到设计精度要求。量出各轴线之间距离时，钢尺零点要始终对在同一点上。

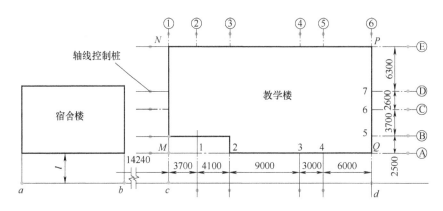

图 9-8　建筑物的放线

2）由于在开挖基槽时，角桩和中心桩要被挖掉，为了便于在施工中，恢复各轴线位置，应把各轴线延长到基槽外安全地点，并做好标志。其方法有设置轴线控制桩和龙门板两种形式。

① 设置轴线控制桩。轴线控制桩设置在基槽外基础轴线的延长线上，作为开槽后各施工阶段恢复轴线的依据，如图 9-8 所示。轴线控制桩一般是在基槽外 2～4m 处打下木桩，桩顶钉上小钉，以准确标出轴线位置，并用混凝土包裹木桩，如图 9-9 所示。如附近有建筑物，也可把轴线投测到建筑物上，用红漆做出标志，以代替轴线控制桩。

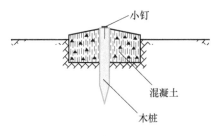

图 9-9　轴线控制桩

② 设置龙门板。在小型民用建筑施工中，常将各轴线引测到基槽外的水平木板上。水平木板称为龙门板，固定龙门板的木桩称为龙门桩，如图 9-10 所示。设置龙门板的步骤如下：

在建筑物四角与隔墙两端，基槽开挖边界线以外 1.5～2m 处，设置龙门桩。龙门桩要钉得竖直、牢固，龙门桩的外侧面应与基槽平行。

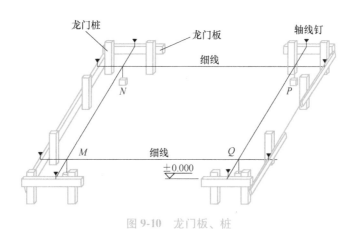

图 9-10 龙门板、桩

　　根据施工场地的水准点，用水准仪在每个龙门桩外侧，测设出该建筑物室内地坪设计高程线（即±0.000m 标高线），并做出标志。

　　沿龙门桩上±0.000m 标高线钉设龙门板，这样龙门板顶面的高程就同在±0.000m 的水平面上。然后，用水准仪校核龙门板的高程，如有差错应及时纠正，其允许误差为±5mm。

　　在 N 点安置经纬仪，瞄准 P 点，沿视线方向在龙门板上定出一点，用小钉作标志，纵转望远镜在 N 点的龙门板上也钉一个小钉。用同样的方法，将各轴线引测到龙门板上，所钉的小钉称为轴线钉。轴线钉定位误差应小于±5mm。

　　最后，用钢尺沿龙门板的顶面，检查轴线钉的间距，其误差不超过 1：2000。检查合格后，以轴线钉为准，将墙边线、基础边线、基础开挖边线等标定在龙门板上。

四、基础施工测量

1. 基槽抄平

建筑施工中的高程测设，又称为抄平。

（1）设置水平桩

为了控制基槽的开挖深度，当快挖到槽底设计标高时，应用水准仪根据地面上±0.000m 点，在槽壁上测设一些水平小木桩（称为水平桩），如图 9-11 所示，使木桩的上表面离槽底的设计标高为一固定值（如 0.500m）。

为了施工时使用方便，一般在槽壁各拐角处、深度变化处和基槽壁上每隔 3~4m 测设一水平桩。水平桩可作为挖槽深度、修平槽底和打基础垫层的依据。

（2）水平桩的测设方法

如图 9-11 所示，槽底设计标高为 −1.700m，欲测设比槽底设计标高高 0.500m 的水平桩，测设方法如下：

1）在地面适当地方安置水准仪，在±0.000m 标高线位置上立水准尺，读取后视读数为 1.318m。

2）计算测设水平桩的应读前视读数 $b_{应}$：

$$b_{应} = a - h = 1.318m - (-1.700m + 0.500m) = 2.518m$$

3）在槽内一侧立水准尺，并上下移动，直至水准仪视线读数为 2.518m 时，沿水准尺

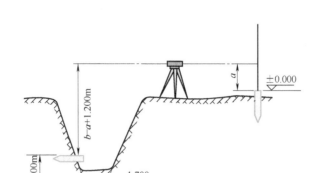

图 9-11　设置水平桩

尺底在槽壁打入一小木桩。

2. 垫层中线的投测

基础垫层打好后，根据轴线控制桩或龙门板上的轴线钉，用经纬仪或用拉绳挂锤球的方法，把轴线投测到垫层上，如图 9-12 所示，并用墨线弹出墙中心线和基础边线，作为砌筑基础的依据。

由于整个墙身砌筑均以此线为准，这是确定建筑物位置的关键环节，所以要严格校核后方可进行砌筑施工。

3. 基础墙标高的控制

房屋基础墙是指±0.000m 以下的砖墙，它的高度是用基础皮数杆来控制的，如图 9-13 所示。

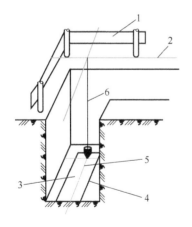

图 9-12　垫层中线的投测
1—龙门板　2—轴线　3—垫层
4—基础边线　5—墙中线　6—线垂

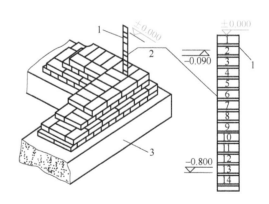

图 9-13　基础墙标高的控制
1—防潮层　2—皮数杆　3—垫层

基础皮数杆是一根木制的杆子，如图 9-13 所示，在杆上事先按照设计尺寸，将砖、灰缝厚度画出线条，并标明±0.000m 和防潮层的标高位置。

立皮数杆时，先在立杆处打一木桩，用水准仪在木桩侧面定出一条高于垫层某一数值（如100mm）的水平线，然后将皮数杆上标高相同的一条线与木桩上的水平线对齐，并用大铁钉把皮数杆与木桩钉在一起，作为基础墙的标高依据。

4. 基础面标高的检查

基础施工结束后，应检查基础面的标高是否符合设计要求（也可检查防潮层）。可用水准仪测出基础面上若干点的高程和设计高程比较，允许误差为±10mm。

五、墙体施工测量

1. 墙体定位

墙体定位的步骤如下：

1）利用轴线控制桩或龙门板上的轴线和墙边线标志，用经纬仪或拉细绳挂锤球的方法将轴线投测到基础面上或防潮层上。

2）用墨线弹出墙中心线和墙边线。

3）检查外墙轴线交角是否等于90°。

4）把墙轴线延伸并画在外墙基础上，如图9-14所示。

5）把门、窗和其他洞口的边线，也在外墙基础上标定出来。

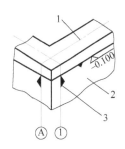

图 9-14 墙体定位
1—墙中心线 2—外墙基础
3—轴线

2. 墙体各部位标高控制

在墙体施工中，墙身各部位标高通常也是用皮数杆控制。

1）在墙身皮数杆上，根据设计尺寸，按砖、灰缝的厚度画出线条，并标明±0.000、门、窗、楼板等的标高位置，如图9-15所示。

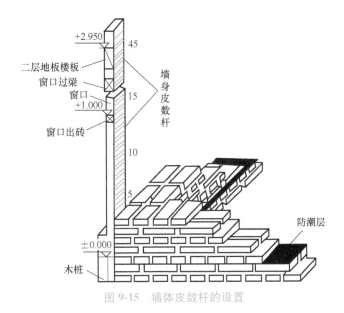

图 9-15 墙体皮数杆的设置

2）墙身皮数杆的设立与基础皮数杆相同，使皮数杆上的±0.000标高与房屋的室内地坪标高相吻合。在墙的转角处，每隔10~15m设置一根皮数杆。

3）在墙身砌起1m以后，就在室内墙身上定出+0.500m的标高线，用于该层地面施工和室内装修。

4）第二层以上墙体施工中，为了使皮数杆在同一水平面上，要用水准仪测出楼板四角的标高，取平均值作为地坪标高，并以此作为立皮数杆的标志。框架结构的民用建筑，墙体砌筑是在框架施工后进行的，故可在柱面上画线，代替皮数杆。

六、建筑物的轴线投测

在多层建筑墙身砌筑过程中，为了保证建筑物轴线位置正确，可用吊锤球或经纬仪将轴线投测到各层楼板边缘或柱顶上。

1. 吊锤球法

如图 9-16 所示，将较重的锤球悬吊在楼板或柱顶边缘，当锤球尖对准基础墙面上的轴线标志时，线在楼板或柱顶边缘的位置即为楼层轴线端点位置，并画出标志线。各轴线的端点投测完后，用钢尺检核各轴线的间距，符合要求后，继续施工，并把轴线逐层自下向上传递。

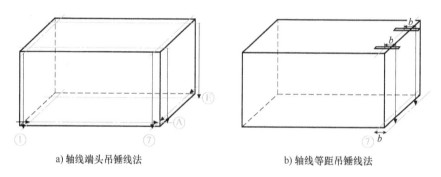

a) 轴线端头吊锤线法　　　　　　　　b) 轴线等距吊锤线法

图 9-16　吊锤线轴线投测法

吊锤球法简便易行，不受施工场地限制，一般能保证施工质量。但当有风或建筑物较高时，投测误差较大，应采用经纬仪投测法。

2. 经纬仪投测法

如图 9-17 所示，在轴线控制桩上安置经纬仪，严格整平后，瞄准基础墙面上的轴线标志，用盘左、盘右分中投点法，将轴线投测到楼层边缘或柱顶上。将所有端点投测到楼板上之后，用钢尺检核其间距，相对误差不得大于 1/2000。检查合格后，才能在楼板分间弹线，继续施工。

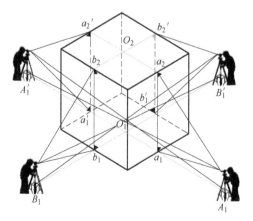

图 9-17　用经纬仪投测轴线

七、建筑物的高程传递

在多层建筑施工中，要由下层向上层传递高程，以便楼板、门窗口等的标高符合设计要求。高程传递的方法有以下几种：

1. 利用皮数杆传递高程

一般建筑物可用墙体皮数杆传递高程，具体方法参照"墙体各部位标高控制"。

2. 利用钢尺直接丈量

对于高程传递精度要求较高的建筑物，通常用钢尺直接丈量来传递高程。对于二层以上的各层，每砌高一层，就从楼梯间用钢尺从下层的"+0.500m"标高线，向上量出层高，测出上一层的"+0.500m"标高线。这样用钢尺逐层向上引测。

3. 吊钢尺法

用悬挂钢尺代替水准尺，用水准仪读数，从下向上传递高程。

📋 任务实施

一、任务组织

1）建议 4~6 人为一组，明确职责和任务，组长负责协调组内测量分工。

2）实训设备：DJ_6 经纬仪 1 台或全站仪 1 台，三脚架 1 副，水准尺 1 根，木桩 7 个，钢尺 1 把，斧头 1 把，钉子若干，细线若干米，记录板 1 块，实训记录表（按需领取），铅笔、橡皮等。

二、实施过程

如图 9-18 所示，按如下步骤进行实训：

1）由教师给定相应设计数据。指导学生用下面的公式计算出基槽开挖的半宽度：

基槽开挖的半宽度 = 基础底面设计半宽 + 作业面 + 放坡宽度

2）在指定的实训场地，由指导教师指挥学生在地面上打下木桩作为角桩，如图 9-18 所示。

3）在角桩上安置经纬仪，在地面上测设两条互相垂直的直线分别作为⑨轴和Ⓐ轴，并在距离开挖边界线 4m 左右的距离钉下轴线控制桩。

4）在开挖边界线外约 1.5m 的地方打下龙门桩。

5）按教师给定的控制点和±0.000m 标高的绝对高程，用水准仪在龙门桩上测设出±0.000m 标高的位置，并在龙门桩侧面画线作为标志。

6）使木板顶面对齐龙门桩上的±0.000m 标高线，将木板钉在龙门桩上，作为龙门板。

7）用经纬仪将⑨轴和Ⓐ轴的轴线分别投测到两块龙门板上，并钉小钉作为标志，即中心钉。

8）按计算的半槽口宽度，在龙门板上中心钉两侧测设距离并钉槽口边线钉。

9）在槽口边线钉上拉线，用铁铲铲白灰，演示放出开挖边界线。

工 程 测 量

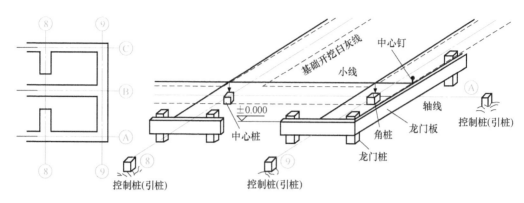

图 9-18　龙门板法基础放线

任务评价

本次任务的任务评价见表 9-1。

表 9-1　民用建筑施工测量任务评价表

实训项目					
小组编号		学生姓名			
序号	考核项目	分值	实训要求	自我评定	教师评价
1	测设轴线及控制桩	20	轴线不相互垂直扣 5 分；控制桩位置不准确一个扣 5 分		
2	打龙门板桩	20	龙门桩位置不准确一个扣 5 分；操作仪器和工具不熟练扣 5 分		
3	±0.000m 标高的位置	15	计算放样所需数据错误扣 10 分；操作仪器和工具不熟练扣 5 分		
4	放样开挖边界	20	开挖边界误差超限扣 10 分；放样方法错误全扣		
5	实训纪律	10	遵守课堂纪律，动作规范，无事故发生		
6	团队协作能力	15	服从安排，吃苦耐劳，配合其他人员工作，文明作业		

小组其他成员评价得分：_____、_____、_____、_____、_____

实训总结与反思：

186

任务三 工业建筑施工测量

任务背景

工业建筑以厂房为主，可分为单层和多层、装配式和现浇整体式。我国采用较多的是预制钢筋混凝土柱装配式单层厂房。那么，工业建筑施工中的测量工作包括哪些呢？

任务描述

使用经纬仪对工业建筑进行施工测量。

知识链接

一、工业厂房施工控制网的建立

工业厂房一般规模较大，内部设施复杂，有的厂房之间还有流水线生产设施，因此对厂房位置和内部各轴线的尺寸都有较高的精度要求。为保证精度，工业厂房的测设，通常要在场区控制网的基础上测设对厂房起直接控制作用的厂房控制网，作为测设厂房位置和内部各轴线的依据。由于厂房多为排柱式建筑，跨距和间距大，但隔墙少，平面布置简单，所以厂房施工中多采用由柱列轴线控制桩组成的矩形方格网，作为厂房控制网。

对于一般的中、小型工业厂房的施工测量，通常在基础的开挖线以外约 4m 处测设一个与厂房轴线平行的矩形控制网，作为厂房施工测量的依据。小型厂房也可采用民用建筑定位的方法。

1. 角桩测设法

如图 9-19 所示，首先以厂区控制网放样出厂房矩形网的两角桩（或称一条基线边，如 S_1S_2），再据此拨直角，设置矩形网的两条短边，并埋设距离指标桩。距离指标桩的间距一般等于厂房柱子间距的整倍数（但以不超过使用尺子的长度为限）。此法简单方便，但由于其余三边系由基线推出，误差集中。最后一边 N_1N_2 上的精度较差，故用此形式布设的矩形网只适用于一般的中小型厂房。

2. 主轴线测设法

厂房矩形控制网的主轴线，一般应选在与主要柱列轴线或主要设备基础轴线相互一致或平行的位置上。

如图 9-20 所示，先根据厂区控制网定出矩形控制网的主轴线 AOB，再在 O 点架设仪器，采用直角坐标法放样出短轴线 CD，其测设和调整方法与建筑方格网主轴线相同。在纵横轴

线的端点 A、B、C、D 处分别安置经纬仪，都以 O 点为后视点，分别测设直角交会定出 E、F、G、H 四个角点。

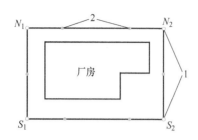

图 9-19　角桩测设法

1—角桩　2—距离指标桩

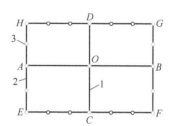

图 9-20　主轴线测设法

1—主轴线　2—矩形控制网　3—距离指标桩

为了便于以后进行厂房细部的施工放线，在测定矩形网各边长时，应按施测方案确定的位置与间距测设距离指标桩。厂房矩形控制网角桩和距离指标桩一般都埋设在顶部带有金属标板的混凝土桩上。当埋设的标桩稳定后，即可采用归化改正法，按规定精度对矩形网进行观测、平差计算，求出各角桩点和各距离指标桩的平差坐标值，并与各桩点设计坐标相比较，在金属标板上进行归化改正，最后再精确标定出各距离标桩的中心位置。

二、工业厂房基础施工测量

1. 柱列轴线放样

根据柱列中心线与矩形控制网的尺寸关系，从最近的距离指标桩量起，把柱列中心线一一测设在矩形控制网的边线上，并打下木桩，以小钉表明点位，作为轴线控制桩，用于放样柱基，如图 9-21 所示。柱基测设时，应注意定位轴线不一定都是基础中心线。

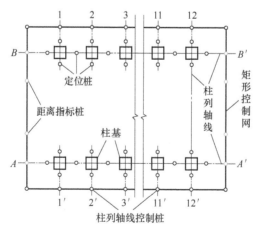

图 9-21　柱列轴线放样

2. 基坑开挖边界线放样

用两架经纬仪安置在两条相互垂直的柱列轴线的轴线控制桩上，沿轴线方向交会出每一个柱基中心的位置。在柱列中心线方向上，离柱基开挖边界线 0.5~1m 以外处各打四个定位小木桩，上面钉上小钉，作为中心线标志，供基坑开挖和立模之用，如图 9-21 所示。

最后按照基础平面图、基础详图和基坑放坡宽度，用特质的角尺放出基坑开挖边界，并撒出白石灰线以便开挖。

3. 基坑的高程测设

当基坑挖到一定深度时，要在基坑四壁距坑底设计高程 0.3~0.5m 处设置几个水平桩（腰桩）作为基坑修坡和清底的高程依据。此外还应在基坑内测设垫层的标高，即在坑底设置小木桩，使桩顶高程恰好等于垫层的设计高程，如图 9-22a 所示。

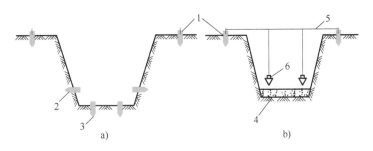

图 9-22　基础模板定位示意图
1—柱基定位小木桩　2—腰桩　3—垫层标高桩　4—垫层　5—钢丝　6—垂球

4. 基础模板定位

打好垫层后，根据坑边定位小木桩，用拉线的方法，吊锤球把柱基定位线投到垫层上，如图 9-22b 所示。用墨斗弹出墨线，用红漆画出标记，作为柱基立模板和布置钢筋的依据。立模板时，将模板底线对准垫层上的定位线，并用垂球检查模板是否竖直，最后将柱基顶面设计标高测设在模板内壁。

拆模以后柱子杯形基础的形状如图 9-23 所示。根据柱列轴线控制桩，用经纬仪正倒镜分中法，把柱列中心线测设到杯口顶面上，弹出墨线。再用水准仪在杯口内壁四周各测设一个 -0.6m 的标高线（或距杯底设计标高为整分米的标高线），用红漆画出 "▼" 标志，注明其标高数字，用以修整杯口内底部表面，使其达到设计标高。

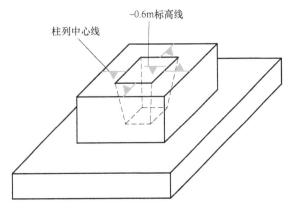

图 9-23　杯口定位线和柱子中心

三、厂房构件安装测量

1. 厂房柱子的安装测量

柱子安装之后，应满足以下设计要求：柱脚中心线应对准柱列中心线，偏差不应超过 ±5mm；牛腿面标高必须等于它的设计标高，误差不应超高 ±5mm；柱子全高竖向允许偏差不应超过 0.1%，最大不应超过 ±20mm。为了满足以上精度要求，具体做法如下。

（1）柱子安装前的准备工作

在预制好的柱子三个侧面上弹出柱子的中心线，并根据牛腿面设计标高，利用钢尺从牛腿面起向柱底丈量距离，在柱子上画出 -0.600m 标高线和 ±0.000m 标高线，如图 9-24 所示。

安装时，当柱子上的 -0.600m 标高线与杯口内壁的 -0.600m 标高线重合时，就能恰好保证牛腿面的标高等于设计标高。

为了达到上述目的，实际工作中往往在柱子上量出 -0.600m 标高线至柱子底部的实际长度 d_1，同时再量出杯口内壁 -0.600m 标高线至杯底的实际长度 d_2，将两者进行比较，即可确定杯底的找平厚度或垫板厚度 h，如图 9-25 所示。

$$h = d_2 - d_1 \tag{9-3}$$

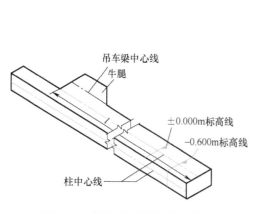

图 9-24 在预制的厂房柱子上弹线

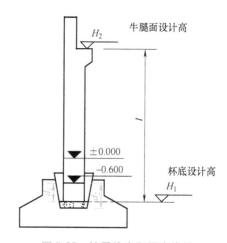

图 9-25 柱子检查和杯底找平

用水泥砂浆根据找平厚度将杯底修平后，用水准仪进行测量，杯底平整误差应在 ±3mm 以内。

（2）柱子安装测量

柱子安装时，应保证其平面位置、高程及柱身的垂直度符合设计要求。预制的钢筋混凝土柱子插入杯形基础的杯口后应使柱子三面的中心线与杯口中心线对齐吻合（容许误差为 ±5mm），用木楔做临时固定，然后用两台经纬仪安置在距离约 1.5 倍柱高的纵、横两条轴线附近，同时进行柱身的垂直校正。

用经纬仪做柱子竖直校正是利用置平后的经纬仪视准轴上、下转动成一竖直平面的特点进行的。具体做法如下：先用竖丝瞄准柱子根部的中心线，制动照准部，缓缓抬高望远镜，观测柱子中心线是否偏离竖丝的方向；如有偏差，应指挥安装人员调节缆绳或用千斤顶进行调整，直至从两台经纬仪中都观测到柱子中心线从下到上都与十字丝竖丝重合，如图 9-26

所示。然后，在杯口与柱子的缝隙中浇入混凝土，以固定柱子的位置。

为了提高安装速度，常先将若干柱子分别吊入杯口内，临时固定，将经纬仪安置在柱列轴线的一侧，夹角最好不超过 15°，然后成排进行校正，如图 9-27 所示。

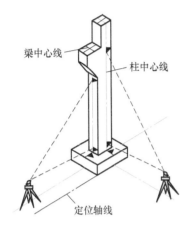

图 9-26　校正柱子垂直

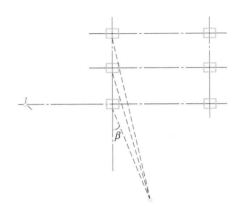

图 9-27　成排校正柱子垂直

校正柱子用的经纬仪应在使用前进行各轴系的检验校正。安置经纬仪时，应使管水准器气泡严格居中，因为经纬仪的轴系误差以及纵轴的不竖垂，都会使视准轴上下转动时不能成为一个竖直平面，从而在校正竖直时影响其垂直度。

柱子竖直校正后，还要检查牛腿面的标高是否正确，方法是用水准仪检测柱身下部 ±0.000m 标高线的标高，其误差即为牛腿面标高的误差，作为修平牛腿面或加垫块的依据。

柱子安装测量的注意事项如下：

1）所使用的经纬仪必须严格校正，操作时，应使照准部管水准器气泡严格居中。

2）校正时，除注意柱子垂直外，还应随时检查柱子中心线是否对准杯口柱列轴线标志，以防柱子安装就位后，产生水平位移。

3）在校正变截面的柱子时，经纬仪必须安置在柱列轴线上，以免产生差错。

4）在日照下校正柱子的垂直度时，应考虑日照使柱顶向阴面弯曲的影响。为避免此种影响，宜在早晨或阴天校正。

2. 吊车梁安装测量

吊车梁安装测量主要是保证吊车梁中线位置和吊车梁的标高满足设计要求。

（1）吊车梁安装前的准备工作

1）在柱面上量出吊车梁顶面标高。根据柱子上的 ±0.000m 标高线，用钢尺沿柱面向上量出吊车梁顶面设计标高线，作为调整吊车梁面标高的依据。

2）在吊车梁上弹出梁的中心线。在吊车梁的顶面和两端面上，用墨线弹出梁的中心线，作为安装定位的依据，如图 9-28 所示。

（2）吊车梁的安装

测量安装时，使吊车梁两端的梁中心线与牛腿面梁

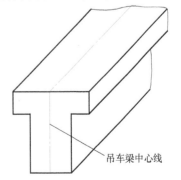

图 9-28　在吊车梁上弹出梁的中心线

中心线重合，这是吊车梁初步定位。采用平行线法，对吊车梁的中心线进行检测，校正方法如下：

1）在地面上，从吊车梁中心线，向厂房中心线方向量出长度 a（1m），得到平行线 $A''A''$ 和 $B''B''$。

2）在平行线一端点 A''（或 B''）上安置经纬仪，瞄准另一端点 A''（或 B''），固定照准部，抬高望远镜进行测量。

3）此时，另外一人在梁上移动横放的木尺，当视线正对准尺上一米刻划线时，尺的零点应与梁面上的中心线重合。如不重合，可用撬杠移动吊车梁，使吊车梁中心线到 $A''A''$（或 $B''B''$）的间距等于 1m。

吊车梁安装就位后，先按柱面上定出的吊车梁设计标高线对吊车梁面进行调整，然后将水准仪安置在吊车梁上，每隔 3m 测一点高程，并与设计高程比较，误差应在 ±3mm 以内。

3. 屋架安装测量（图 9-29）

工作屋架吊装前，用经纬仪或其他方法在柱顶面上，测设出屋架定位轴线。在屋架两端弹出屋架中心线，以便进行定位。

屋架吊装就位时，应使屋架的中心线与柱顶面上的定位轴线对准，允许误差为 ±5mm。屋架的垂直度可用锤球或经纬仪进行检查。

经纬仪检校方法如下：

1）在屋架上安装三把卡尺，一把卡尺安装在屋架上弦中点附近，另外两把分别安装在屋架的两端。自屋架几何中心沿卡尺向外量出一定距离，一般为 500mm，做出标志。

2）在地面上，距屋架中线同样距离处，安置经纬仪，观测三把卡尺的标志是否在同一竖直面内，如果屋架竖向偏差较大，则用机具校正，最后将屋架固定。垂直度允许偏差为：薄腹梁为 ±5mm；桁架为屋架高的 1/250。

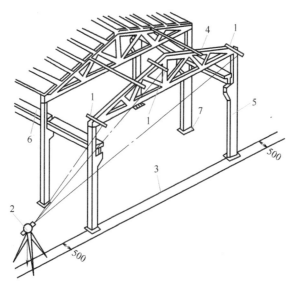

图 9-29 屋架的安装测量
1—卡尺 2—经纬仪 3—定位轴线 4—屋架 5—柱 6—吊车梁 7—柱基

任务实施

一、任务组织

1）建议 4~6 人为一组，明确职责和任务，组长负责协调组内测量分工。

2）实训设备：DJ$_6$ 经纬仪 1 台或全站仪 1 台，三脚架 1 副，水准尺 1 根，木桩 7 个，钢尺 1 把，斧头 1 把，钉子若干，细线若干米，记录板 1 块，实训记录表（按需领取），铅笔、橡皮等。

二、实施过程

如图 9-30 所示，H、I、J、K 是厂房的四个房角，已知 H、J 两点的坐标。S、P、Q、R 为布置在基础开挖边线以外的厂房矩形控制网的四个角点，称为厂房控制桩。厂房矩形控制网的边线到厂房轴线的距离为 4m，厂房控制桩 S、P、Q、R 的坐标可按厂房角点的设计坐标加减 4m 算得。

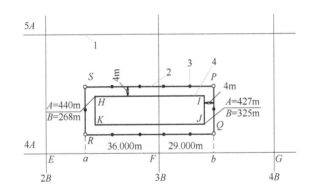

图 9-30　中、小型厂房矩形控制网的测设

1—建筑方格网　2—厂房矩形控制网　3—距离指标桩　4—厂房外墙边线

1. 计算测设数据

根据厂房控制桩 S、P、Q、R 的坐标，计算利用直角坐标法进行测设时，所需测设数据，计算结果标注在图 9-30 中。

2. 厂房控制桩的测设

1）在建筑方格网的 F 点安置经纬仪，瞄准 E 点，沿 FE 方向测设 36m 的水平距离，定出 a 点；同理沿 FG 方向测设 29m 的水平距离，定出 b 点。

2）在 a 点上安置经纬仪，瞄准 G 点，逆时针方向测设 90°角，沿视线方向测设 23m 的水平距离，定出 R 点，再向前测设 21m 的水平距离，定出 S 点。同理，在 b 点上安置经纬仪测设出 Q、P 两点。

3）为便于细部测设，在测设厂房矩形控制网的同时，还应沿控制网测设距离指标桩，如图 9-30 所示，距离指标桩的间距一般等于柱子间距的整倍数。

3. 检查

1）测量 RS、SP，其夹角与 90° 的误差不得超过 ±10″。

2）测量 SP 的水平距离，其与设计长度的误差不得超过 1/10000。

任务评价

本次任务的任务评价见表 9-2。

表 9-2　工业建筑施工测量任务评价表

实训项目						
小组编号		学生姓名				
序号	考核项目	分值	实训要求		自我评定	教师评价
1	计算放样数据	20	放样数据计算不正确一个扣 5 分，仪器操作不熟练扣 5 分			
2	水平距离测设	20	距离误差超限一个扣 10 分，放样方法错误全扣			
3	水平角放样	30	角度误差超限一个扣 10 分，放样方法错误全扣			
4	实训纪律	15	遵守课堂纪律，动作规范，无事故发生			
5	团队协作能力	15	服从安排，吃苦耐劳，配合其他人员工作，文明作业			

小组其他成员评价得分：_____、_____、_____、_____、_____

实训总结与反思：

能 力 训 练

1. 单项选择题

（1）施工坐标系的原点一般设置在设计总平面图的（　　）角上。

A. 西北　　　　　　B. 西南　　　　　　C. 东南　　　　　　D. 东

（2）在民用建筑的施工测量中，不属于测设前的准备工作的是（　　）。

A. 设立龙门桩　　　　　　　　　B. 平整场地

C. 绘制测设略图　　　　　　　　D. 熟悉图纸

（3）（　　）是撒出施工灰线的依据。

A. 建筑总平面图　　　　　　　　B. 建筑平面图

C. 基础平面图和基础详图　　　　D. 立面图和剖面图

（4）建筑工程施工测量的基本工作是（　　　）。

A. 测图　　　　B. 测设　　　　C. 视图　　　　D. 用图

（5）确定地面点的空间位置就是确定该点的平面位置和（　　　）。

A. 高程　　　　B. 方位角　　　　C. 坐标　　　　D. 距离

（6）建筑场地的施工平面控制网的主要形式，有建筑方格网、导线和（　　　）。

A. 建筑基线　　　　　　　　　　B. 建筑红线

C. 建筑轴线　　　　　　　　　　D. 建筑法线

（7）在建筑物放线中，延长轴线的方法主要有两种：（　　　）法和轴线控制桩法。

A. 平移法　　　　　　　　　　　B. 交桩法

C. 龙门板法　　　　　　　　　　D. 顶管法

（8）垫层施工完成后，应根据（　　　）将基础轴线测设到垫层上。

A. 控制点　　　　　　　　　　　B. 轴线控制桩

C. 高程控制桩　　　　　　　　　D. 墨斗线

2. 思考题

（1）民用建筑施工测量前有哪些准备工作？

（2）设置龙门板或引桩的作用是什么？如何设置？

（3）一般民用建筑墙体施工过程中，如何投测轴线？如何传递标高？

项目十

线路工程测量

项目导读

　　线路工程主要包括铁路、公路、供水明渠、输电线路、各种管道工程等。线路工程建设过程中进行的测量工作，称为线路工程测量，简称线路测量。它的任务有两个方面：一是为线路工程的设计提供地形图和断面图；二是按设计位置要求将线路（公路和管道）敷设于实地。主要有下列各项工作。

　　1）收集工程区域内的原有地形图、平面图和断面图，水文、地质以及控制点等有关资料。

　　2）利用已有地形图，结合现场勘察，在中小比例尺图上确定规划路线走向。

　　3）根据设计方案，沿着基本走向进行控制测量，包括平面控制测量和高程控制测量。

　　4）结合线路工程的需要，沿着基本定向测绘带状地形图或平面图，在指定地点测绘工程地形图。

　　5）根据定线设计，把线路中心线上的各类点位测设到实地，称为中线测量。

　　6）根据工程需要测绘线路纵断面图和横断面图。比例尺则依据工程的实际要求确定。

　　7）根据线路工程的详细设计进行施工测量。工程竣工后，对照工程实体测绘竣工平面图和断面图。

　　本项目将详细介绍线路的中线测量和路线纵横断面测量等。

知识目标

1. 掌握道路中线测量的内容。
2. 掌握交点测设、转角测设、里程桩测设的方法。
3. 掌握圆曲线的主点元素、主点里程的计算。
4. 掌握圆曲线极坐标法计算细部点坐标及详细测设方法。
5. 掌握路线纵断面的基平、中平测量和横断面测量方法。

能力目标

1. 能进行道路和管线等线路工程的中线测量，包括圆曲线测设。
2. 能进行线路工程的纵断面测量和横断面测量。
3. 能进行线路工程的土方量计算。
4. 能进行道路施工放线测量。

任务一　中　线　测　量

任务背景

公路中线测量的任务是将线路的中心线测设到地面上，作为公路工程施工的依据。中线测量是由设计单位在定测阶段完成的。在交接桩以后，施工单位要进行施工复测，校核设计单位的测量结果，补钉丢失的桩点，加钉施工所需要的桩点。在施工过程中，要经常进行中线测量以控制各工程建筑物的正确位置。竣工后，还要进行全面系统的中线测量，为编制竣工文件提供依据。在不同阶段，尽管中线测量的具体条件、测量方法、施测要求等可能有所不同，但其基本内容都相同。中线测量的特点是整体性强、贯穿始终、工作量大、精度要求较高。那么，中线测量是如何进行测量的？

任务描述

学习中线测量的内容与方法。

知识链接

线路工程的中心线由直线和曲线构成，中线测量就是通过线路的测设，将线路工程中心线标定在实地上。中线测量（图 10-1）主要包括测设中心线起点、终点、交点（JD）和转点（ZD），量距和钉桩，测量线路各偏角（α）等。

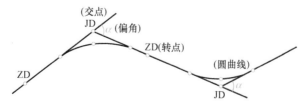

图 10-1　中线测量

一、交点和转点测设

线路的各交点（包括起点和终点）是详细测设中线的控制点。一般先在初测的带状地形图上进行纸上定线，然后实地标定交点位置。

定线测量中，当相邻两交点互不通视或直线较长时，需要在其连线上测定一个或几个转点，以便在交点测量转折角和直线量距时作为照准及定线的目标。直线上一般每隔 200～300m 设一转点。另外，在线路与其他道路交叉处，以及线路上需设置桥、涵等构筑物处，也要设置转点。

1. 交点测设

（1）根据与地物的关系测设交点

如图 10-2 所示，交点 JD_{10} 的位置已在地形图上选定，在图上量得该点至两房角点和电杆的距离，在现场用距离交会法测设 JD_{10}。

（2）根据导线点测设交点

根据附近导线点和交点的设计坐标，反算出有关测设数据，按坐标法、角度交会法或距离交会法测设出交点。如图 10-3 所示，根据导线点 6、7 和 JD_1 三点的坐标，反算出方位角和 6 点到 JD_1 之间的距离 D，按极坐标法测设 JD_1。

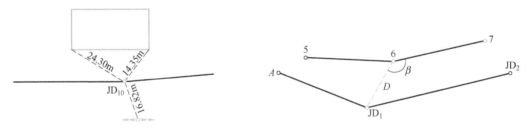

图 10-2　根据与地物的关系测设交点　　　　图 10-3　根据导线点测设交点

按上述方法依次测设各交点时，由于测量和绘图都带有误差，测设交点越多，距离越远，误差积累就越大。因此，在测设一定里程后，应和附近导线点联测。联测闭合差限差与初测导线相同。限差符合要求后，应进行闭合差的调整。

（3）穿线法测设交点

穿线法测设交点是利用图上就近的导线点或地物点与纸上定线的直线段之间的角度和距离关系，用图解法求出测设数据，通过实地的导线点或地物点，把中线的直线段独立地测设到地面上，然后将相邻直线延长相交，定出地面交点桩的位置。其程序是：放点→穿线→交点。

1）放点。放点常用的方法有极坐标法和支距法。

极坐标法如图 10-4 所示。P_1、P_2、P_3、P_4 为纸上定线的某直线段欲放的临时点，在图上以附近的导线点 4、5 为依据，用量角器和比例尺分别量出放样数据。实地放点时，可用经纬仪和皮尺分别在 4、5 点按极坐标法定出各临时点的位置。

支距法如图 10-5 所示，即在图上过导线点 14、15、16、17 作导线边的垂线，分别与中线相交得各临时点，用比例尺量取各相应的支距。在现场以相应导线点为垂足，用方向架标定垂线方向，按支距测设出相应的各临时点。

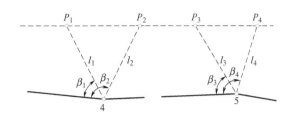

图 10-4　极坐标法放点

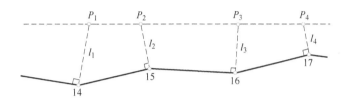

图 10-5　支距法放点

2）穿线。放出的各临时点理论上应在一条直线上，但由于图解数据和测设工作均存在误差，因此实际上并不严格在一条直线上。在这种情况下，可根据现场实际情况，采用目估法穿线或经纬仪视准法穿线，通过比较和选择，定出一条尽可能多地穿过或靠近临时点的直线 AB，如图 10-6 所示。最后在 A、B 或其方向上打下两个以上的转点桩，取消临时点桩。

图 10-6　穿线

3）交点。用同样方法测设另一中线直线段上的 C、D 点，如图 10-7 所示。AB、CD 直线在地面上测设好以后，即可测设交点。将经纬仪安置于 B 点，瞄准 A 点，倒转望远镜，在视线方向上、接近交点 JD 的概略位置前、后打下两桩（称为骑马桩）。采用正倒镜分中法在该两桩上定出 a，b 两点，并钉以小钉，拉上细线。将经纬仪搬至 C 点，后视 D 点，同法定出 c、d 点，拉上细线。在两条细线相交处打下木桩，并钉以小钉，得到交点 JD。

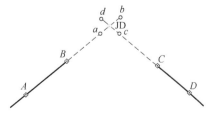

图 10-7　交点

工程测量

2. 转点测设

当两交点间距离较远但尚能通视或已有转点需要加密时，可采用经纬仪直接定线或测设转点。当相邻两交点互不通视时，可用下述方法测设转点。

（1）两交点间测设转点

如图 10-8 所示，JD_5、JD_6 为相邻而互不通视的两个交点，ZD' 为初定转点。欲检查 ZD' 是否在两交点的连线上，可置经纬仪于 ZD'，用正倒镜分中法延长直线 JD_5-ZD' 至 JD_6'。设 JD_6' 与 JD_6 的偏差为 f，用视距法测定距离 a、b，则 ZD' 应横向移动的距离 e 可按下式计算。

$$e=\frac{a}{a+b}f \qquad (10\text{-}1)$$

将 ZD' 按 e 值移至 ZD，再将仪器移至 ZD，按上述方法逐渐趋近，直至符合要求。

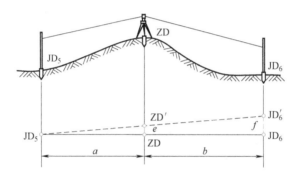

图 10-8　两个不通视转点之间测设转点

（2）延长线上测设转点

如图 10-9 所示，JD_8、JD_9 互不通视，可在其延长线上初定转点 ZD'。将经纬仪置于 ZD'，用正、倒镜照准 JD_8，并以相同竖盘位置俯视 JD_9，得两点后，取其中点得 JD_9'。若 JD_9' 与 JD_9 重合或偏差值 f 在容许范围之内，即可将 ZD' 作为转点。否则应重设转点，量出 f 值，用视距法测出距离 a、b，则 ZD' 应横向移动的距离 e 可按下式计算。

$$e=\frac{a}{a-b}f \qquad (10\text{-}2)$$

将 ZD' 按 e 值移至 ZD。重复上述方法，直至符合要求。

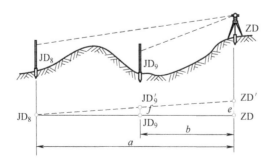

图 10-9　两个不通视转点延长线上测设转点

二、线路转折角的测设

在线路的交点上，应根据交点前、后的转点测定路线的转折角。通常，测定路线前进方向的右角 β（图 10-10），可以用 JD_2 或 JD_6 级经纬仪观测一个测回。按 β 角算出路线交点处的偏角 α，当 $\beta < 180°$ 时为右偏角（路线向右转折），当 $\beta > 180°$ 时为左偏角（路线向左转折）。左偏角或右偏角按下式计算。

$$\alpha_{右} = 180° - \beta \tag{10-3}$$
$$\alpha_{左} = \beta - 180° \tag{10-4}$$

在测定 β 角后，测设其分角线方向，定出 C 点（图 10-11），打桩标定，以便以后测设道路曲线的中点。

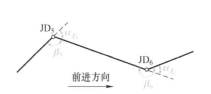

图 10-10 路线的转折角和偏角

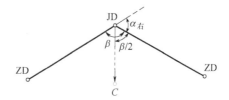

图 10-11 定转折角的分角线方向

三、中桩测设

为了测定线路的长度、进行线路中线测量和测绘纵横断面图，从线路起点开始，需沿线路方向在地面上设置整桩和加桩，这项工作称为中桩测设。

从起点开始，按规定每隔某一整数设一桩，此为整桩。线路不同，整桩之间的距离也不同，一般直线段为 20m、30m、50m 等，曲线段根据不同半径值，为 20m、10m、5m。在相邻整桩之间，线路穿越的重要地物处（如铁路、公路、管道等）及地面坡度变化处要增设加桩。因此，加桩又分为地形加桩、地物加桩、曲线加桩和关系加桩等。

为了便于计算，线路中桩均按起点到该桩的里程进行编号，并用红油漆写在木桩侧面，如整桩号为"0+100"，即此桩距起点 100m（"+"号前的数为公里数）。整桩和加桩统称为里程桩，如图 10-12a、b、c 所示。

为避免测设中桩错误，量距一般用钢尺丈量两次，精度为 1/1000。在钉桩时，对于交点桩、转点桩、距线路起点每隔 500m 处的整桩、重要地物加桩（如桥、隧道位置桩），以及曲线主点桩，都要打下方桩（图 10-12d），桩顶露出地面约 20cm，在其旁边钉一指示桩（图 10-12e），指示桩为板桩。交点桩的指示桩应钉在曲线圆心和交点连线外距交点 20cm 的位置，字面朝向交点。曲线主点的指示桩字面朝向圆心。

其余的里程桩一般使用板桩，一半露出地面，以便书写校号，字面一律背向线路前进方向。

里程桩测设一般用经纬仪定向，距离丈量视精度要求而定，高速公路和铁路一般用全站仪，城市规划道路用钢尺量距，精度应高于 1/3000。桩号一般用红漆写在木桩朝向线路起始方向的一侧或附近明显地物上，字迹要工整、醒目。

局部地段改线或分段测量以及丈量或计算错误等，均会造成线路里程桩不连续，此现象

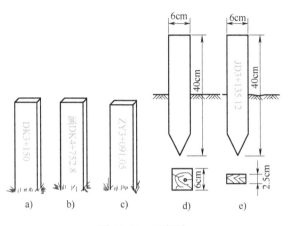

图 10-12　里程桩

称为断链。其中，桩号重叠的称为长链，桩号间断的称为短链。发生断链时，应在测量成果中注明，并在实地设置断链桩。断链桩不要设在曲线内或建筑物上，桩上应注明线路来向去向的里程及应增减的长度。一般在等号前、后分别注明来向、去向里程，如"改 2+100−原 2+080"，即长链 20m。

任务二　圆曲线测设

任务背景

当线路由一个方向转向另一个方向时，必须用曲线来连接。曲线的形式有多种，如圆曲线、缓和曲线及回头曲线等。圆曲线是最常用的一种平面曲线，又称单曲线，一般分两步放样。先测设出圆曲线的主点，即起点、中点和终点；然后在主点间进行加密，在加密过程中同时测设里程桩，也称圆曲线细部放样。在实际工程中，应根据实际工程要求和条件选择放样的方法。

任务描述

使用全站仪进行圆曲线测设。

知识链接

一、圆曲线主点测设

圆曲线的起点（又称直圆点 ZY）、中点（又称曲中点 QZ）和终点（又称圆直点 YZ）

称为圆曲线的三主点。为了施工方便，需要将圆曲线三主点的位置在地面上标定出来。

1. 圆曲线主点的计算

如图 10-13 所示，圆曲线各部分符号的含义如下：JD 表示路线交点桩，ZY 表示圆曲线起点（直圆点），QZ 为圆曲线中点（曲中点），YZ 为圆曲线终点（圆直点），O 为圆心，R 为圆曲线半径，α 为转角（即路线转向角），T 为切线长，L 为曲线长，E 为外矢距。若圆曲线的切线长与曲线长之差（切曲差）用 D 表示，则 T、L、E、D、R 及 α 称为圆曲线元素。其中，R 是圆曲线的设计半径，α 是实测值。

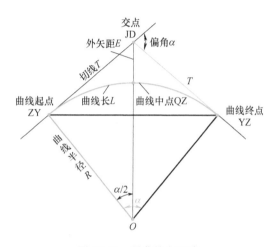

图 10-13　圆曲线各要素

由图 10-13 可得圆曲线元素之间的关系为

$$T = R\tan\frac{\alpha}{2} \tag{10-5}$$

$$L = R\alpha \cdot \frac{\pi}{180°} \tag{10-6}$$

$$E = R\left(\sec\frac{\alpha}{2} - 1\right) \tag{10-7}$$

$$D = 2T - L \tag{10-8}$$

2. 主点桩号的计算

在实地测量时，线路交点的里程是根据实际丈量得来的，主点里程是根据交点里程推算出来的。由图 10-13 可知，各主点里程的计算方法为

$$\text{ZY 里程} = \text{JD 里程} - T \tag{10-9}$$

$$\text{YZ 里程} = \text{ZY 里程} + L \tag{10-10}$$

$$\text{QZ 里程} = \text{YZ 里程} - L/2 \tag{10-11}$$

$$\text{JD 里程} = \text{QZ 里程} + D/2（用于校核） \tag{10-12}$$

主点里程计算后，以 JD 里程作为校核，检查计算过程是否有错。

3. 圆曲线主点元素的测设

将全站仪置于 JD 上，望远镜照准后视相邻交点或转点，沿此方向线量取切线长 T，得曲线起点 ZY，插上一测钎。丈量 ZY 点至最近一个直线桩的距离，如两桩号之差等于这段距离或相差在容许范围内，即可用方桩在测钎处打下 ZY 桩，否则应查明原因，进行处理，以保证点位的正确性。用望远镜照准前进方向的交点或转点，按上述方法，定出 YZ 桩，并进行检核。

【例题 10-1】 设某单圆曲线偏角 $\alpha = 34°12'00''$，$R = 200\text{m}$，交点点桩号为 "JD：K4+968.43"，试计算该圆曲线的各要素及各主点桩号。

解：（1）主点测设元素计算

$$T = R\tan\frac{\alpha}{2} = 61.53\text{m}$$

$$L = R\alpha \cdot \frac{\pi}{180°} = 119.38\text{m}$$

$$E = R\left(\sec\frac{\alpha}{2} - 1\right) = 9.25\text{m}$$

$$D = 2T - L = 3.68\text{m}$$

（2）主点里程计算

ZY = K4+906.90；QZ = K4+966.59；YZ = K5+026.28；JD = K4+968.43（检查）

二、圆曲线详细测设

在地形变化不大的地区，当曲线长 $L < 40\text{m}$ 时，仅测设曲线三个主点已能满足道路施工要求。如果地形变化较大，曲线较长或半径较小（小于 150m），仅测设主点就不能全面代表曲线的位置。这时，为了施工准确和方便，应在曲线上每隔一定距离测设一个细部点，并钉一木桩，此项工作称为圆曲线细部点放样，或称圆曲线的详细测设。有了这些细部点，就可以把曲线的形状和位置详细地表示出来。在实测中，一般规定：$R \geqslant 150\text{m}$ 时，曲线上每隔 20m 测设一个细部点；$150\text{m} > R > 50\text{m}$ 时，曲线上每隔 10m 测设一个细部点；$R \leqslant 50\text{m}$ 时，曲线上每隔 5m 测设一个细部点。圆曲线可用偏角法、切线支距法等方法进行测设。

1. 偏角法

（1）测设数据计算

用偏角法测设圆曲线上的细部点是以曲线起点（或终点）作为测站，计算出测站至曲线上任一细部点 P_i 的弦线与切线的夹角——弦切角 Δ_i（称为偏角）和弦长 c_i 或相邻细部点的弦长 c_0，据此确定 P_i 点的位置，如图 10-14 所示。

曲线上的细部点即曲线上的里程桩，一般按曲线半径 R 规定弧长为 l_0 的整桩。l_0 一般规定为 5m、10m 和 20m，R 越小，l_0 也越小。设 P_1 为曲线上的第一个整桩，它与曲线起点（ZY）间弧长为 l_1（$l_1 < l_0$），以后 P_1 与 P_2，P_2 与 P_3……间的弧长都是 l_0。曲线最后一个整桩 P_N 与曲线终点（YZ）间的弧长为 l_{n+1}。设 l_1 所对圆心角为 φ_1，l_0 所对圆心角为 φ_0，l_{n+1} 所对圆心角为 φ_{n+1}，φ_1、φ_0、φ_{n+1} 按下列各式计算（单位为度）。

$$\varphi_i = \frac{l_i}{R} \cdot \frac{180°}{\pi} \tag{10-13}$$

所有 φ 角之和应等于路线的偏角 α，此条件可以作为计算的检核。

$$\varphi_1 + (n-1)\varphi_0 + \varphi_{n+1} = \alpha \tag{10-14}$$

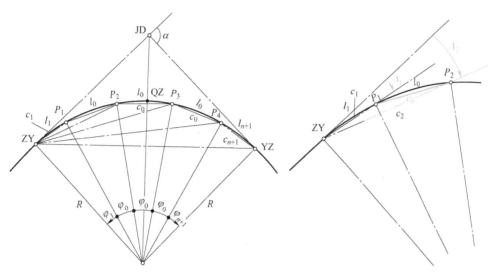

图 10-14　偏角法

根据弦切角为同弧所对圆心角一半的定理，可以用下列公式计算曲线起点至 P_i 点的偏角。

$$\Delta_1 = \frac{1}{2}\varphi_1 \tag{10-15}$$

$$\Delta_i = \frac{1}{2}\left[\varphi_1 + (i-1)\varphi_0\right] \tag{10-16}$$

曲线上任一细部点和弦长 c_i 按下式计算。

$$c_i = 2R\sin\Delta_i \tag{10-17}$$

【例题 10-2】　已知 $\alpha = 45°16'$，圆曲线半径 $R = 100\text{m}$。已知交点 JD_i 的里程为 K2+687.89，桩距 $l = 20\text{m}$。试求该圆曲线的偏角法测设数据。

解：按式（10-5）~式（10-12）计算，得起点 ZY 的里程为 K2+646.20，终点桩的里程为 K2+725.20。

因为 ZY 的里程为 K2+646.20，在曲线上，前面最近的整里程为 K2+660，即图 10-14 中 P_1 点，所以起始弧长为

$$l_1 = (2000\text{m}+660\text{m}) - (2000\text{m}+646.20\text{m}) = 13.8\text{m}$$

同理，尾段弧长为

$$l_{n+1} = (2000\text{m}+725.20\text{m}) - (2000\text{m}+720\text{m}) = 5.20\text{m}$$

由式（10-13），可求得各弧长所对的圆心角分别为

$$\varphi_1 = \frac{l_1}{R} \cdot \frac{180°}{\pi} = \frac{13.8}{100} \cdot \frac{180°}{\pi} = 7°54'25''$$

$$\varphi_{n+1} = \frac{l_{n+1}}{R} \cdot \frac{180°}{\pi} = \frac{5.2}{100} \cdot \frac{180°}{\pi} = 2°58'46''$$

$$\varphi_0 = \frac{l}{R} \cdot \frac{180°}{\pi} = \frac{20}{100} \cdot \frac{180°}{\pi} = 11°27'33''$$

由式（10-17）可求得弧长 l_1、l_2、l_3、l_4、l_5 的弦长为

$$c_1 = 2R\sin\Delta_1 = 2\times100\mathrm{m}\times\sin\frac{7°54'25''}{2} = 13.79\mathrm{m}$$

$$c_2 = 2R\sin\Delta_2 = 2\times100\mathrm{m}\times\sin\frac{9°40'59''}{2} = 33.64\mathrm{m}$$

$$c_3 = 2R\sin\Delta_3 = 2\times100\mathrm{m}\times\sin\frac{15°24'46''}{2} = 53.15\mathrm{m}$$

$$c_4 = 2R\sin\Delta_4 = 2\times100\mathrm{m}\times\sin\frac{21°08'33''}{2} = 72.14\mathrm{m}$$

$$c_5 = 2R\sin\Delta_5 = 2\times100\mathrm{m}\times\sin\frac{22°37'56''}{2} = 76.96\mathrm{m}$$

根据计算，曲线各里程桩的偏角见表 10-1。

表 10-1　圆曲线细部点偏角法测设数据（$R=100\mathrm{m}$）

曲线里程桩号	点名	偏角 $\alpha/(°\,'\,'')$		点弧长 l/m	弦长 c/m	备注
		单值 φ_i	累计值			
ZY：K2+646.20	ZY					
		3　57　12	3　57　12	13.8	13.79	
K2+660	1					
		5　43　47	9　40　59	33.8	33.64	
K2+680	2					
		5　43　47	15　24　46	53.8	53.15	
K2+700	3					
		5　43　47	21　08　33	73.8	72.14	
K2+720	4					
		1　29　23	22　37　56	79.0	76.96	
YZ：K2+725.20	YZ					

（2）测设方法

用偏角法测设圆曲线的细部点，因测设距离的方法不同，分为长弦偏角法和短弦偏角法两种。前者测设测站至细部点的距离（长弦），适合于用经纬仪加测距仪（或用全站仪）；后者测设相邻细部点之间的距离（短弦），适合于用经纬仪加钢尺。

仍按上例，具体测设步骤如下。

1）安置经纬仪（或全站仪）于曲线起点（ZY）上，瞄准交点（JD），使水平度盘读数设置为 $0°00'00''$。

2）水平转动照准部，使度盘读数为 $\Delta_1 = 3°57'12''$，沿此方向测设弦长 $c_1 = 13.79\mathrm{m}$，定出 P_1 点。

3）水平转动照准部，使度盘读数为 $\Delta_2 = 9°40'59''$，沿此方向测设弦长 $c_2 = 33.64\mathrm{m}$，定出 P_2 点；以此类推，测设 P_3，P_4 点。

4）测设至曲线终点（YZ），作为检核：最后配置水平度盘读数为 $\alpha/2$，视线应通过曲线终点 YZ。确定点位后，量最后一个细部点到曲线终点的距离，以此来检查测设的质量。

2. 切线支距法

切线支距法又称直角坐标法。它以曲线起点或终点为坐标原点，以该点切线过原点的半径为 y 轴建立平面直角坐标系，如图 10-15 所示。根据曲线上各细部按直角坐标法测设点的位置。

（1）计算测设数据

从图 10-15 中可以看出，圆曲线上任一点的坐标可按下列各式进行计算。

$$\varphi_i = \frac{l_i}{R} \cdot \frac{180}{\pi} \qquad (10\text{-}18)$$

$$x_i = R\sin\varphi_i \qquad (10\text{-}19)$$

$$y_i = R(1-\cos\varphi_i) \qquad (10\text{-}20)$$

式中，i 为细部点的点号（$i=1$，2，3，……）。

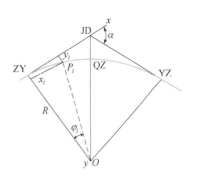

图 10-15　切线支距法

（2）测设方法

1）在 ZY 点安置经纬仪，定出切线方向，以 ZY 为零点，沿切线方向分别测设距离 x_1、x_2、x_3、……，打下木桩，并钉小钉标志点位。

2）在桩钉出的各点上安置经纬仪测设直角，再分别测设支距 y_1、y_2、y_3、……，由此得到曲线上 1、2、3、……各点的位置。

3）曲线另半部分以 YZ 为原点，使用同样方法进行测设。

4）大量曲线上相邻点间的距离（弦长）进行校核。

支距法测设曲线的优点是计算和操作简单灵活，且可自行闭合、自行检核，而且测点误差不积累，便于平坦开阔地区使用。

【例题 10-3】　设某单圆曲线偏角 $\alpha = 34°12'00''$，$R = 200\text{m}$，主点桩号为 ZY：K4+906.90，QZ：K4+966.59，YZ：K5+026.28，按每 20m 一个桩号的整桩号法，计算各桩的切线支距法坐标。

1）主点测设元素计算。

$$T = R\tan\frac{\alpha}{2} = 61.53\text{m}$$

$$L = R\alpha\frac{\pi}{180°} = 119.38\text{m}$$

$$E = R\left(\sec\frac{\alpha}{2} - 1\right) = 9.25\text{m}$$

$$D = 2T - L = 3.68\text{m}$$

2）主点里程计算。

ZY：K4+906.90；QZ：K4+966.59；YZ：K5+026.28；JD：K4+968.43

3）切线支距法（整桩号）各桩要素的计算见表 10-2。

表 10-2 圆曲线切线支距法测设数据

曲线桩号	弧长/m	圆心角	坐标	
			x/m	y/m
ZY：K4+906.90	0	0	0	0
K4+920	13.1	3°45′10″	13.091	0.429
K4+940	33.1	9°28′57″	32.949	2.733
K4+960	53.1	15°12′43″	52.478	7.008
QZ：K4+966.59	—	—	—	—
K4+980	46.28	13°15′30″	45.868	5.331
K5+000	26.28	7°31′43″	26.204	1.724
K5+020	6.28	1°47′57″	6.279	0.099
YZ：K5+026.28	0	0	0	0

注：表中曲线长 l_i 等于各桩里程与 ZY 或 YZ 里程之差。

📑 任务实施

一、任务组织

1）建议 4~6 人为一组，明确职责和任务，组长负责协调组内测量分工。

2）实训设备：全站仪 1 台、棱镜 1 台、脚架 2 架、棱镜杆 1 个、钢尺 1 个、木桩若干、钢钉若干、记录板 1 块、实训记录表（按需领取）、铅笔、橡皮等。

二、实施过程

1. 圆曲线主点的计算及测设

（1）圆曲线主点计算

计算主点测设元素，见表 10-3。

（2）圆曲线主点测设步骤

在曲线元素计算后，即可进行主点测设。

1）在 JD_2 处安置全站仪，完成对中、整平工作。

2）后视指定的后视方向，即 JD_1 方向，在后视方向上放样出距测站点距离为 T 的点，得到曲线的起点 ZY，打桩标记。

3）前视指定的前视方向，即 JD_3 方向，在前视方向上放样出距测站点距离为 T 的点，得到曲线的终点 YZ，打桩标记。

4）确定分角线方向标志 QZ 点，具体操作如下。

① 配置水平度盘为 0°00′00″，仪器仍前视 JD_1 方向，松开照准部。

② 当路线右转时，顺时针转动照准部至水平度盘读数为（180°−α）/2。制动照准部，

此时望远镜视线方向为分角线方向。

③ 当路线左转时，顺时针转动照准部至水平度盘读数为（180°−α）/2。制动照准部，然后倒转望远镜，此时望远镜视线方向为分角线方向。

④ 在定出的分角线方向放样出距测站点距离为 E 的点，定出 QZ 点并打桩标记。

2. 切线支距法测设各中桩位置

（1）切线支距法计算各中桩位置坐标

计算各中桩位置坐标，见表 10-4。

（2）切线支距法测设步骤

1）将全站仪架设于交点直圆点 ZY 处，以交点 JD_2 为后视点进行后视定向，依次放样出 P_1（x_1，y_1）、P_2（x_2，y_2）、P_3（x_3，y_3）、……直到曲线中点 JD_2。

2）搬站至圆直点 YZ 处，以交点 JD_2 为后视点进行后视定向，依次放样出另半条曲线的细部点。

3）比较测设出的曲线中点 QZ 和主点测设出的曲线中点 QZ 的位置，进行检核。

三、实训记录（表 10-3 和表 10-4）

表 10-3　圆曲线主点测设

日期：		班级：		仪器：		姓名：		

已知数据及草图	已知数据：JD_2 里程＝K1+986.21，路线转角 $\alpha_{右}$＝30°，圆曲线半径为 50m。在合适位置选择一点作为 JD_1，根据转角测设一点（该点离 JD_2 的距离比 T 长）当作 JD_3。 草图：
计算过程	曲线测设元素及主点里程桩号计算： 切线长 T＝ 曲线长 L＝ 外矢距 E＝ 切曲差 D＝ ZY 里程＝ YZ 里程＝ QZ 里程＝ JD 里程＝　　　　　　　　　　　　　　　（校核）

表 10-4　圆曲线切线支距法详细测设

| 日期： | 班级： | 仪器： | 姓名： |

已知数据及草图	已知数据：JD_2 里程＝K1+986.21，路线转角 $\alpha_{右}=30°$，圆曲线半径为 50m，桩距 $l_0=5$m。 草图：

计算过程	各中桩的测设数据	桩号	弧长/m	圆心角	x/m	y/m

四、实训注意事项

1）操作仪器严格按观测程序作业；全站仪对中误差小于±3mm，管水准器气泡偏差小于 1 格。

2）要及时对测设出的主点进行校核，如测设出 ZY 点后，测量出 ZY 点到 JD 的距离。如果所测量出的距离与 T 相等或相差在允许的范围内，则在测设出 ZY 的位置打下木桩；如果超出允许范围，应查明原因，重新测设，以确保桩位的正确性。

3）应注意当路线左转和右转时测设 QZ 点的操作过程。

4）切线支距法测设曲线时，为了避免支距过长，一般由 ZY 点或 YZ 点分别向 QZ 点施测。

任务评价

本次任务的任务评价见表 10-5。

表 10-5　圆曲线测设任务评价

实训项目					
小组编号		学生姓名			
序号	考核项目	分值	实训要求	自我评定	教师评价
1	定交点	10	全站仪安置不正确，一次扣 5 分；在现场设置交点桩不准确扣 5 分		
2	测设圆曲线三主点	25	测设数据计算不正确扣 10 分；三主点地面测设位置超出允许范围，每个扣 5 分		
3	圆曲线详细测设	40	测设数据计算不正确扣 15 分；地面测设位置超出允许范围，每个扣 5 分		
4	实训纪律	10	遵守课堂纪律，动作规范，无事故发生		
5	团队协作能力	15	服从安排，吃苦耐劳，配合其他人员工作，文明作业		

小组其他成员评价得分：_____、_____、_____、_____、_____

实训总结与反思：

任务三　纵断面测量

任务背景

　　线路纵断面测量又称线路水准测量。它的任务是测定中线上各里程桩的地面高程，绘制中线纵断面图，作为设计线路坡度、计算中桩填挖尺寸的依据。那么如何进行线路纵断面水准测量，绘制道路的纵断面图呢？

任务描述

　　使用水准仪进行纵断面水准测量。

知识链接

线路水准测量分两步进行：首先在线路方向上设置水准点，建立高程控制，称为基平测量；其次根据各水准点高程，分段进行中桩水准测量，称为中平测量。基平测量的精度要求比中平高，一般按四等水准测量的精度；中平测量只作单程观测，按普通水准测量精度。

一、基平测量

基平测量也称线路高程控制测量。布设的水准点分永久水准点和临时水准点两种，是高程测量的控制点，在勘测设计和施工阶段甚至工程运营阶段都要使用。因此，水准点应选在地基稳固、易于联测以及施工时不易被破坏的地方。水准点要埋设标石，也可设在永久性建筑物上，或将金属标志嵌在基岩上。

永久水准点在较长线路上一般应每隔25~30km布设一点；在线路起点和终点、大桥两岸、隧道两端，以及需要长期观测高程的重点工程附近均应布设。临时水准点的布设密度应根据地形复杂情况和工程需要而定：在重丘陵和山区，每隔0.5~1km布设一个；在平原和微丘陵区，每隔1~2km布设一个；在中小桥梁、涵洞以及停车场等地段均应布设；较短的线路上，一般每隔300~500m布设一点。

基平测量时，首先应将起始水准点与国家高程基准进行联测，以获得绝对高程。在沿线途中，也应尽量与附近国家水准点进行联测，以便获得更多的检核条件。若线路附近没有国家水准点，也可以采用假定高程基准。然后，将水准点连成水准线路，采用四等水准测量的方法，或光电测距三角高程测量的方法进行测量，外业成果合格后要进行平差计算，得到各水准点的高程。

二、中平测量

中平测量又称中桩水准测量。中平测量通常采用附合水准测量，按图根水准测量精度要求沿中桩逐桩测量。在施测过程中，应同时检查中桩和加桩的里程桩号是否正确，发现错误和遗漏时需进行补测。相邻水准点的高差与中桩水准测量的高差较差，不应超过±2cm。实测中，由于中桩较多，且各桩间距一般较小，因此可相隔几个桩设一测站，在每一测站上除测出转点的后视读数、前视读数外，还需测出两转点之间所有中桩（称为中间点）地面的前视读数，也称中视读数，读数精确到厘米位。设计所依据的重要高程点位，如铁路轨顶、桥面、路中、下水道井底等应按转点施测，读数精确到毫米位。

中桩水准测量记录是展绘线路纵断面图的依据。若设站时所测中间点较多，为防止仪器下沉，影响高程闭合，可先测转点高程。每一测段观测完后，应立即根据第二个水准点的已知高程和观测高程，计算该测段的高差闭合差；如精度符合等外水准测量的精度要求，该测段可不进行闭合差的调整，但下一测段的观测，要以该段起始水准点的高程作为起算高程，继续施测，以免误差积累。

如图10-16所示是一段中平测量的示意图。

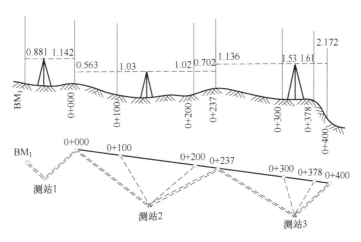

图 10-16　中平测量

中桩高程按下列公式计算。

$$视线高程=后视点高程+后视读数 \tag{10-21}$$
$$转点高程=视线高程-前视读数 \tag{10-22}$$
$$中桩高程=视线高程-中视读数 \tag{10-23}$$

图 10-16 中测站 1、测站 2 的测量结果见表 10-6。

表 10-6　中平测量记录

测站	桩号	水准尺读数/m			高差/m		视线高/m	高程/m
		后视	中视	前视	+	−		
1	BM$_1$	0.881						156.800
	0+000			1.142		0.261		156.539
2	0+000	0.563					157.102	156.539
	0+100		1.030					156.072
	0+200		1.020					156.082
	0+237			0.702		0.139		156.4

每测完一个测段,若该测段的高差闭合差不超过 $\pm40\sqrt{L}$ mm 或 $\pm12\sqrt{n}$ mm,即符合精度要求,中桩高程无需平差,可直接进行下一测段的观测工作,否则应返工重测。

三、纵断面图的绘制

线路纵断面图是指沿中线方向反映地面起伏形状的线状图。绘制线路纵断面图时,以线路里程为横坐标,高程为纵坐标,根据工程需要的比例尺,在毫米方格纸上进行绘制。为了显示地面起伏变化,纵断面图的高程(纵向)比例尺一般比距离(横向)比例尺大 10 倍。公路勘测一般采用纵向比例尺 1:200,横向比例尺 1:2000。

如图 10-17 所示为一公路的一段纵断面图。图中的上半部绘制有两条线:细折线表示中线方向的实际地面线,它是根据中平测量的中桩地面高程绘制的;粗折线表示纵坡设计线。

此外，在图上还标注有水准点的编号、高程和位置、竖直线的示意图及其曲线元素等。图的下部绘制有几栏表格，填写有关测量及坡度设计的数据，一般包括桩号、坡度与距离、设计高程、地面高程、填挖高度、直线与曲线等内容。

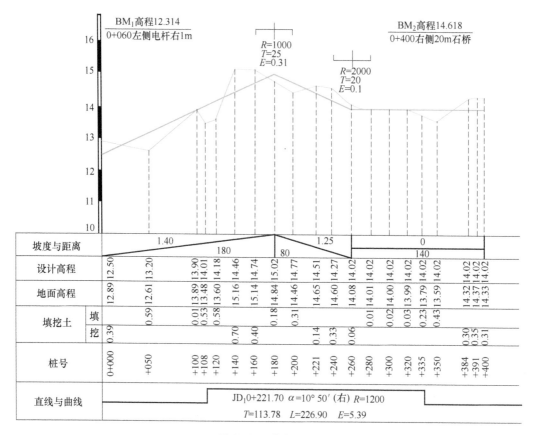

图 10-17　纵断面图

任务实施

一、任务组织

1）建议 4~6 人为一组，明确职责和任务，组长负责协调组内测量分工。

2）实训设备：水准仪 1 台、脚架 1 架、水准尺 2 块、记录板 1 块、实训记录表（按需领取）、铅笔、橡皮等。

二、实施过程

以相邻两水准点为一测段，用附合水准测量的方法测定各中桩的地面高程。

1）如图 10-18 所示，将水准仪置于测站 I，以水准点 BM_1 为后视点，前视点 ZD_1 为转点，将观测结果分别记入表 10-7 中；然后依次观测 BM_1 和 ZD_1 间的中间点 K0+000、K0+020、……、K0+080，将其读数分别记入表 10-7 "中视" 栏内。

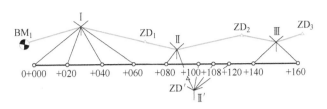

图 10-18 中平测量示意图

2）将仪器迁移至测站 Ⅱ，以 ZD_1 为后视转点，前视点为转点 ZD_2。

3）按上述方法逐站观测，直至附合到下一高程控制点 BM_2，完成一测段的观测工作。

4）根据式（10-21）~式（10-23）计算水准仪的视线高程和各中桩地面高程。

5）检验精度。若该测段的高差闭合差不超过 $\pm40\sqrt{L}$ mm 或 $\pm12\sqrt{n}$ mm，即符合精度要求，中桩高程无需平差，可直接进行下一测段的观测工作，否则应返工重测。

三、实训记录（表 10-7）

表 10-7　中平测量记录表（实训）

测站	桩号	水准尺读数/m			高差/m		视线高/m	高程/m
		后视	中视	前视	+	−		

本次任务的任务评价见表 10-8。

表 10-8 中平测量任务评价

实训项目					
小组编号		学生姓名			
序号	考核项目	分值	实训要求	自我评定	教师评价
1	外业操作	30	仪器安置不正确,一次扣5分;读数顺序不准确,一次扣5分		
2	内业数据计算	40	测设数据计算不正确扣10分;篡改数据,一次扣5分;数据检核结果不正确扣20分		
3	实训纪律	15	遵守课堂纪律,动作规范,无事故发生		
4	团队协作能力	15	服从安排,吃苦耐劳,配合其他人员工作,文明作业		

小组其他成员评价得分:_____、_____、_____、_____、_____

实训总结与反思:

任务四 横断面测量

 任务背景

进行线路设计时,除了测绘线路纵断面外,还应进行横断面测绘。那么如何测绘道路横断面图呢?

任务描述

使用水准仪进行横断面测量。

知识链接

线路横断面测量的主要任务是在各中桩处测定垂直于道路中线方向的地面起伏,然后绘成横断面图。横断面图是设计路基横断面、计算土石方和施工时确定路基填挖边界的依据。横断面测量的宽度,由路基宽度及地形情况确定。一般情况下在中线两侧各测 15~50m。测

量中距离和高差一般准确到 $0.05 \sim 0.1 \mathrm{m}$ 即可满足工程要求。因此，横断面测量多采用简易的测量工具和方法，以提高工效。

一、测设横断面方向

1. 横断面方向定义

直线段上的横断面方向即是与道路中线相垂直的方向，如图 10-19 中的 A、Z（ZY）、Y（YZ）点处的横断面方向分别为 $a-a'$，$z-z'$ 和 $y-y'$。曲线段上里程桩 P_1、P_2 等的横断面方向应与该点的切线方向垂直，即该点指向圆心方向的 p_1-p_1'，p_2-p_2' 等。

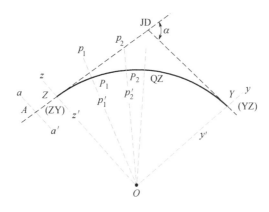

图 10-19　线路横断面方向的测设

2. 线路横断面方向的测设

在直线段上，如图 10-20 所示，将杆头有十字形木条的方向架立于欲测设横断面方向的 A 点上，用架上的 1-1′方向线瞄准交点 JD 或直线段上某一转点 ZD，则 2-2′即为 A 点的横断面方向，用标杆标定。

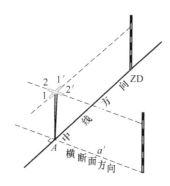

图 10-20　直线段横断面方向的测设

为了测设曲线上里程桩的横断面方向，在方向架上加一根可转动并可制动的定向杆 3-3′，如图 10-21 所示。如欲定图 10-22 中的 ZY 和 P_1 点的横断面方向，先将方向架立于 ZY 点上，用 1-1′方向瞄准 JD，则 2-2′方向即为 ZY 的横断面方向。再转动定向杆 3-3′对准 P_1 点，制动定向杆。将方向架移至 P_1 点，用 2-2′对准 ZY 点，按"同弧两端弦切角相等"的定理，3-3′方向即为 P_1 点的横断面方向。

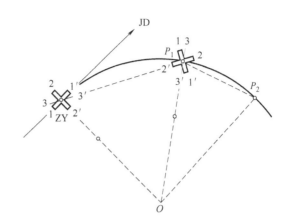

图 10-21　求心十字架　　　　　　图 10-22　曲线段横断面方向的测设

二、横断面的测量方法

横断面上中桩的地面高程已在纵断面测量时测出，横断面上各地形特征点相对于中桩的平距和高差可用下述方法测定。

1. 水准仪皮尺法

此法适用于施测横断面较宽的平坦地区。如图 10-23 所示，水准仪安置后，以中桩地面高程点为后视，以中桩两侧横断面方向地形特征点为前视，水准尺上读数至厘米。

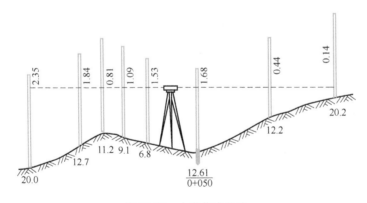

图 10-23　水准仪皮尺法

用皮尺分别量出各特征点到中桩的平距，量至分米。记录格式见表 10-9，表中按线路前进方向分左、右侧记录，以分式表示各测段的前视读数和平距。

表 10-9　线路横断面测量记录

前视读数（左侧） 水平距离	后视读数 桩号	前视读数（右侧） 水平距离
$\dfrac{2.35\ 1.84\ 0.81\ 1.09\ 1.53}{20.0\ 12.7\ 11.2\ 9.1\ 6.8}$	$\dfrac{1.68}{0+050}$	$\dfrac{0.44\quad 0.14}{12.2\quad 20.0}$

2. 标杆皮尺法

如图 10-24 所示，将标杆立于断面方向的某特征点 1 上，皮尺靠中桩地面拉平，量出至该点的平距，而皮尺截于标杆的红白格数（每格 0.2m）即为两点间的高差。同法连续测出相邻两点间的平距和高差，直至规定的横断面宽度为止。

3. 经纬仪视距法

置经纬仪于中桩上，可直接用经纬仪定出横断面方向，然后量出至中桩地面的仪器高，用视距法测出各特征点与中桩间的平距和高差。此法适用于地形困难、山坡陡峻的线路横断面测量。

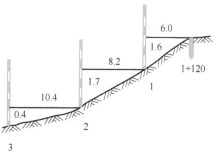

图 10-24　标杆皮尺法

三、横断面图的绘制

线路横断面图的绘制方法与纵断面图的绘制方法基本相同。一般采用 1∶100 或 1∶200 的比例尺绘制横断面图。根据横断面测量中得到的各点间的平距和高差，在毫米方格纸上绘出各中桩横断面图。如图 10-25 所示，绘制时，先标定中桩位置，由中桩开始，逐一将特征点画在图上，再直接连接相邻点，即绘出横断面的地面线。

横断面图画好后，经路基设计，先在透明纸上按与横断面图相同的比例尺分别绘出路堑、路堤和半填半挖的路基设计线，称为标准断面图，然后按纵断面图上该中桩的设计高程把标准断面图套到该实测横断面图上。也可将路基断面设计线直接画在横断面图上，绘制成路基断面图。例如图 10-26 所示的半填半挖的路基断面图。根据横断面的填、挖面积及相邻中桩的桩号，可以算出施工的土石方量。

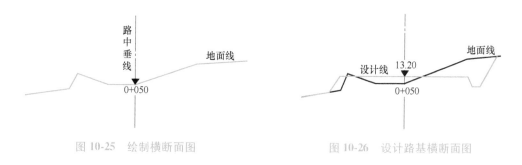

图 10-25　绘制横断面图　　　　　　图 10-26　设计路基横断面图

任务实施

一、任务组织

1）建议 4~6 人为一组，明确职责和任务，组长负责协调组内测量分工。

2）实训设备：DS₃ 水准仪 1 台，水准尺 2 把，DJ₆ 经纬仪 1 台，标杆 3 根，皮尺 1 副，十字架、求心十字架各 1 个，记录板（含相关记录表格）1 块，毫米方格纸，丁字尺，比例尺，三角板，铅笔，橡皮，计算器等。

二、实施过程

1. 测定横断面方向

（1）测定直线段上横断面的方向

如图 10-20 所示，将十字架插在某中桩（0+100）上，以其中一组方向 1-1′瞄准线路上相邻另一中线桩（0+050），则方向 2-2′指向横断面方向。

通常使用经纬仪测定地面起伏较大、待测横断面宽度较宽的道路。作业时，在中桩上安置仪器，用照准部瞄准线路前方相邻中桩，置零后，将照准部顺时针旋转 90°，即为中桩右侧横断面方向；倒镜即为左侧横断面方向。在地面较平坦的地段，横断面方向的偏差对横断面测量影响不大，其方向也可以用目估法测定。

（2）测定曲线段上横断面的方向

如图 10-22 所示，用求心十字架测定曲线段横断面方向的方法是：在 ZY 点上安置求心十字架，使 1-1′方向瞄准切线方向，则 2-2′即为 ZY 点的横断面方向。为了测定 P_1 点的横断面方向，转动定向杆 3-3′，使之瞄准曲线上的 P_1 点，并将其固定，则 3-3′与 1-1′间的夹角为 P_1 点的偏角。将求心十字架移至 P_1 点，并使 2-2′方向瞄准 ZY 点，则定向杆 3-3′指向圆心方向，即为 P_1 点的横断面方向。

2. 水准仪皮尺法测量横断面各点测定

如图 10-23 所示，在中桩附近安置水准仪，以中桩为后视，以两侧横断面上地形点为前视，逐一测定各地形点与中桩之间的高差（精确到厘米），再用皮尺丈量中桩到各地形点的水平距离（精确到分米）。将测量数据采用分数形式，按线路方向的左、右侧分开记录，记录格式见表 10-10。由表中的后视读数和前视读数之差，可算得中桩与各前视点之间的高差。该方法适用于地势较为平坦的地区。

3. 绘制路基横断面图

绘制横断面图时，首先在适当的位置标出中桩的位置，注明桩号；然后由中桩开始，分左、右两侧将测定得到的各坡度变化点逐一画在图纸上；最后将相邻点用直线连接起来，即可得到横断面的地面线，并适当标注有关地物或数据等。

三、实训记录（表 10-10）

表 10-10　线路横断面测量记录（实训）

前视读数 （左侧） 水平距离	后视读数 桩号	前视读数 （右侧） 水平距离

任务评价

本次任务的任务评价见表 10-11。

表 10-11　横断面测量任务评价

实训项目						
小组编号		学生姓名				
序号	考核项目	分值	实训要求		自我评定	教师评价
1	道路横断面方向的测定	20	测定道路直线段横断面方向不正确，一次扣10分；测定道路曲线段横断面方向不正确，一次扣10分，扣完为止			
2	道路横断面点位测定	30	道路横断面上点位间距、高差测量不正确，一次扣5分，扣完为止			
3	道路横断面绘制	20	道路横断面绘图不正确，按绘制程度扣分			
4	实训纪律	15	遵守课堂纪律，动作规范，无事故发生			
5	团队协作能力	15	服从安排，吃苦耐劳，配合其他人员工作，文明作业			

小组其他成员评价得分：_____、_____、_____、_____、_____

实训总结与反思：

能 力 训 练

1. 单项选择题

（1）公路中线里程桩测设时，短链是指（　　）。

A. 实际里程大于原桩号　　　　　　　　B. 实际里程小于原桩号

C. 原桩号测错　　　　　　　　　　　　D. 实际里程与原桩号相等

（2）采用偏角法测设圆曲线时，其偏角应等于相应弧长所对圆心角的（　　）。

A. 2 倍　　　　　　　B. 1/2　　　　　　　C. 2/3　　　　　　　D. 3/2

（3）公路中线测量在纸上定好线后，用穿线交点法在实地放线的工作程序为（　　）。

A. 放点→穿线→交点　　　　　　　　　B. 计算→放点→穿线

C. 计算→交点→放点　　　　　　　　　D. 穿线→放点→交点

（4）公路中线测量中，设置转点的作用是（　　）。

A. 传递高程　　　　　　B. 传递方向　　　　　　C. 加快观测速度　　　D. 提高观测精度

（5）线路中平测量是测定路线（　　）的高程。

A. 水准点　　　　　　　B. 转点　　　　　　　　C. 各中桩　　　　　D. 地形点

（6）线路纵断面水准测量分为（　　）和中平测量。

A. 基平测量　　　　　　B. 水准测量　　　　　　C. 高程测量　　　　D. 三角高程测量

2. 填空题

（1）圆曲线的主点有_____、_____、_____。

（2）用切线支距法测设圆曲线一般是以_____为坐标原点，以_____为 x 轴，以_____为 y 轴。

（3）按线路前进方向，后一边延长线与前一边的水平夹角叫_____，在延长线左侧的转角叫_____角，在延长线右侧的转角叫_____角。

（4）路线上里程桩的加桩有_____、_____、_____和_____等。

（5）横断面测量是测定_____。

（6）纵断面图地面线是根据_____和_____绘制的。

3. 思考题

（1）什么是线路工程测量？

（2）什么是中线测量？简述中线测量的过程。

（3）何为道路中线的转点、交点和里程桩？如何测设里程桩？

（4）简述纵断面测量的方法。

（5）简述横断面测量的方法。

4. 计算题

（1）已知某交点 JD 的桩号 K5+119.99，右角为 136°24′，半径 $R=300m$。试计算圆曲线元素和主点里程，并且叙述圆曲线主点的测设步骤。

（2）在道路中线测量中，设某交点 JD 的桩号为 2+182.32，测得右偏角 =39°15′，设圆曲线半径 $R=220m$。试求：

1）圆曲线主点测设元素 T、L、E、D。

2）圆曲线主点 ZY、QZ、YZ 桩号。

3）设曲线上整桩距 $l_0=20m$，计算该圆曲线细部点偏角法测设数据。

参考文献

[1] 王天佐. 建筑工程测量 [M]. 北京：清华大学出版社，2020.

[2] 林乐胜. 建筑工程施工测量 [M]. 2版. 北京：中国建筑工业出版社，2021.

[3] 景向欣. 园林测量 [M]. 北京：中国建材工业出版社，2017.

[4] 国家测绘地理信息局职业技能鉴定指导中心，等. 测绘综合能力 [M]. 4版. 北京：测绘出版社，2016.

[5] 李章树，等. 工程测量学 [M]. 北京：化学工业出版社，2019.

[6] 程爽，刘传辉，苏登信. 工程测量实训指导书 [M]. 哈尔滨：哈尔滨工业大学出版社，2018.

[7] 刘霖，张成利，纪海英. 建筑工程测量 [M]. 天津：天津科学技术出版社，2015.

[8] 李向民. 建筑工程测量 [M]. 2版. 北京：机械工业出版社，2019.

[9] 胡伍生. 土木工程测量学 [M]. 2版. 南京：东南大学出版社，2016.

[10] 张正禄. 工程测量学 [M]. 3版. 武汉：武汉大学出版社，2020.

[11] 王颖，周启朋. 工程测量学 [M]. 北京：机械工业出版社，2014.

[12] 姜树辉，巨辉. 建筑工程测量实训 [M]. 重庆：重庆大学出版社，2020.

[13] 李井永. 工程测量 [M]. 北京：清华大学出版社，2014.